Documents manquants (pages, cahiers...)
NF Z 43-120-13

LA THÉORIE

DE

L'ACCUMULATEUR AU PLOMB

LA THÉORIE

DE

L'ACCUMULATEUR AU PLOMB

PAR

Dr. Friedrich DOLEZALEK

TRADUIT DE L'ALLEMAND

PAR

Ch. LIAGRE

DIRECTEUR DE L'USINE DE LA COMPAGNIE DES ACCUMULATEURS BLOT

PARIS

LIBRAIRIE POLYTECHNIQUE, CH. BÉRANGER, ÉDITEUR

SUCCESSEUR DE BAUDRY & Cⁱᵉ

15, RUE DES SAINTS-PÈRES

MÊME MAISON A LIÉGE, 21, RUE DE LA RÉGENCE

1902

Tous droits réservés

PRÉFACE

Le développement considérable que l'industrie des accumulateurs a pris dans ces dernières années a provoqué un grand nombre de travaux ayant pour objet, soit la théorie, soit l'étude détaillée de l'accumulateur au plomb.

Ceux qui désirent connaître les lois générales du fonctionnement de l'appareil électrochimique le plus remarquable, ainsi que le montage et l'entretien des petites batteries, pourront consulter l'ouvrage précis du professeur Elbs : « *Die accumulatoren* ».

L'excellent livre du professeur Heim : *Die accumulatoren für stationäre elektrische Beleuchtungsanlagen* » élucide un plus grand nombre de questions techniques ; il contient avec la description des types d'accumulateurs les plus importants, une étude méthodique des systèmes de couplage et des appareils de commutation des accumulateurs ainsi que des aperçus sur les prix de revient.

Le petit travail de Grünwald résume beaucoup de choses intéressantes au point de vue théorique et contient des renseignements sur la fabrication des accumulateurs.

Les ouvrages bien connus de Schoop, « *Handbuch der elektrischen accumulatoren, Stuttgard 1898* », et de Hoppe. « *Die accumulatoren für electricität, Berlin 1898* » s'adressent aux spécialistes.

Le premier donne à côté de la description de presque tous les types d'accumulateurs connus un exposé complet des procédés de fabrication. Le livre de Hoppe rassemble toutes les recherches scientifiques consacrées à l'accumulateur au plomb et aux éléments galvaniques en général.

Dans toutes ces œuvres, rien n'a été encore fait pour soumettre les phénomènes de l'accumulateur au plomb à l'épreuve des nouvelles théories de la chimie physique ; on y trouve plutôt l'affirmation qu'elles sont restées infructueuses.

Le présent ouvrage est un premier essai encore bien incomplet, tendant à montrer que les nouvelles théories ne s'appliquent jamais mieux qu'à l'accumulateur et que leur application est un criterium de leur fécondité. Il intéressera les étudiants en électrochimie car presque toute la nouvelle électrochimie est mise en œuvre grâce aux nombreuses recherches précédentes ; elle permet une exposition méthodique des faits et l'éclaircissement de la nature des phénomènes de l'élément secondaire. Pour l'étude approfondie des lois qui servent ici dans les discussions et les calculs, nous renverrons le lecteur aux traités bien connus de chimie théorique et de chimie physique de van't Hoff, Nernst et Ostwald, et aux traités spéciaux d'électrochimie de Jahn, Le Blanc, Haber, Löb et Lüpke.

Que MM. Glaser, Polzenius et von Steinwehr, reçoivent ici les sincères remerciements de l'auteur pour leurs rectifications et leurs nombreux conseils.

Göttingen, septembre 1900.

F. Dolezalek.

Théorie chimique de la production du courant.

On doit à Gaston Planté, le célèbre inventeur des accumulateurs au plomb, le premier essai d'interprétation théorique des phénomènes chimiques capables d'engendrer le courant. Il a consigné ses observations dans l'ouvrage bien connu : *Recherches sur l'électricité* [1]). Selon Planté, le phénomène chimique dans les piles secondaires au plomb consiste essentiellement en oxydation et réduction des plaques de plomb. Pendant la charge, l'eau est décomposée par le courant en ses éléments. L'oxygène libéré oxyde la plaque positive en peroxyde, tandis que l'oxyde préexistant sur la plaque négative est réduit à l'état de plomb spongieux. Pendant la décharge, le peroxyde passe à un degré inférieur d'oxydation et le plomb spongieux est transformé en oxyde.

Les expérimentateurs anglais J. H. Gladstone et A. Tribe, à la suite de recherches chimiques sur la matière active des accumulateurs, combattirent cette opinion. Les résultats de leur travail sont réunis dans une très intéressante monographie : *Die chemische Theorie der sekundären Batterien nach Planté und Faure* [2]). Ils observèrent que la densité de l'acide d'un accumulateur baisse pendant la décharge et remonte pendant la charge et que la quantité d'acide disparu ou formé est sensiblement proportionnelle à la quan-

---

[1]) Traduction allemande du prof. Wallentin. Vienne, 1880.
[2]) Traduction allemande du Dr R. V. Reichenbach. Vienne, 1884.

tité d'électricité qui a traversé l'élément. Planté avait bien remarqué cette variation de densité, mais sans tirer les conséquences du fait. Gladstone et Tribe conclurent que l'acide devait s'être combiné aux plaques et montrèrent par l'analyse qu'une quantité de sulfate de plomb proportionnelle à la quantité d'électricité s'était formée pendant la décharge. Ce fait contredit l'opinion de Planté sur la production du courant secondaire. Gladstone et Tribe proposèrent une nouvelle théorie des réactions chimiques de l'élément secondaire qui reçut plus tard le nom de « *Théorie de la sulfatation* » et qui a résisté victorieusement jusqu'à présent à toutes les contestations. D'après cette théorie, le processus électrolytique serait la formation de sulfate de plomb aux deux pôles pendant la décharge et l'oxydation du sulfate en peroxyde à la positive et la réduction du sulfate en plomb spongieux à la négative pendant la charge.

On peut représenter les phénomènes dont les deux électrodes sont le siège, de la façon suivante. Pendant la charge l'acide se scinde en H^2 et SO^4 ; H^2 est séparé au pôle négatif et SO^4 au pôle positif. Ces radicaux réagissent alors sur le sulfate de plomb, selon les équations :

$$SO^4Pb + H^2 = Pb + SO^4H^2 \text{ (pôle négatif)}$$
$$SO^4Pb + SO^4 + 2H^2O = PbO^2 + 2SO^4H^2 \text{ (pôle positif)}$$

Pendant la décharge, le courant ayant une direction inverse dans l'élément, H^2 est séparé à l'électrode peroxyde et SO^4 à l'électrode plomb; les réactions sont :

$$Pb + SO^4 = SO^4Pb \text{ (Electrode négative)}$$
$$PbO^2 + H^2 + SO^4H^2 = SO^4Pb + 2H^2O \text{ (Electrode posit.)}$$

de sorte que par la décharge la surface des deux plaques est de nouveau sulfatée en produisant un courant secondaire. Si l'on rassemble les quatre équations précédentes, on· ramène simplement le processus chimique à:

$$PbO^2 + Pb + 2SO^4H^2 \rightleftarrows 2SO^4Pb + 2H^2O \ . \quad . \quad . \quad . \quad (1)$$

équation qu'il faut lire de gauche à droite pour la décharge et de droite à gauche pour la charge.

Nous montrerons dans la suite, que grâce à cette équation tous les phénomènes physiques et chimiques qui apparaissent dans l'accumulateur pendant la charge et la décharge s'éclaircissent parfaitement et sont mesurables en grande partie. A propos des considérations théoriques qui suivront, il nous faudra revenir constamment à cette équation et elle nous servira de base. Cependant des doutes ont été émis sur sa validité et on a donné de nouvelles théories chimiques ; aussi sera-t-il tout d'abord nécessaire de prouver son exactitude aussi solidement que possible afin que les déductions que nous en tirerons soient certaines. Il faut démontrer d'abord que les substances qui entrent en jeu dans l'équation (1) sont formées ou utilisées selon la loi de Faraday et ensuite que la formation et l'utilisation de ces mêmes substances contribuent à la production du courant et qu'elles ne sont pas le produit de réactions secondaires comme les nouvelles théories l'ont prétendu plusieurs fois. Dans la suite, les arguments seront donnés pour chacune de ces substances prises séparément.

a. — *Formation et utilisation du peroxyde de plomb et du plomb.* — Le fait que l'électrolyse de l'acide sulfurique dilué avec des électrodes en plomb fournit du peroxyde de plomb et du plomb spongieux a déjà été étudié en 1850 par Sinstedten. La formation du plomb spongieux qui est directement visible n'a jamais été mise en doute, mais plusieurs auteurs ont prétendu que de l'hydrate de peroxyde (PbO^3H^2) se formait à la place du peroxyde.

Comme l'hydrate perd facilement son eau et se transforme en peroxyde, l'analyse indique très difficilement quel est celui des deux corps qui constitue la matière positive chargée. Il faut examiner leurs propriétés physiques et en particulier comparer leur énergie potentielle qui s'évalue très simplement par une mesure de force électromotrice. Streintz [1]) mesura pour cela les forces électromotrices que présentent les différents oxydes de plomb vis-à-vis d'une électrode de zinc et obtint les valeurs suivantes :

$$Pb/Pb^3O \quad\; - Zn = 0,42 \text{ volt}$$
$$Pb/PbO \quad\;\; - Zn = 0,46 \;\;»$$
$$Pb/Pb^3O^4 \quad - Zn = 0,75 \;\;»$$
$$Pb/PbO^3H^2 - Zn = 0,96 \;\;»$$
$$Pb/PbO^2 \quad\;\; - Zn = 2,41 \;\;»$$

Une plaque positive chargée donnant avec le zinc une force électromotrice de 2,4 volts, il n'est pas douteux qu'elle contienne du peroxyde et non de l'hydrate de peroxyde. Plus tard Strecker [2]) a étudié cette question et a montré qu'une plaque de plomb garnie de peroxyde obtenu par voie chimique donnait dans l'acide sulfurique dilué la même différence de potentiel qu'une plaque positive et se prêtait à la décharge comme si le peroxyde avait été obtenu par voie électrolytique.

Il montra en outre que la force électromotrice d'une électrode positive n'était pas changée après échauffement à 170° C, température à laquelle l'hydrate serait complètement détruit. Streintz [3]) a observé

---

[1]) *Wied. Ann.* 38, p. 344. 1880.
[2]) *Elektrotech. Zeitschr.* 1891, p. 435, 513, 524.
[3]) *Wied. Ann.* 40, p. 440. 1892.

dans quelques éléments Planté la formation d'hydrate de peroxyde noir, mais en très petite quantité et comme produit accidentel.

Ayrton, Lamb et Smith [1]) ont fait une étude analytique de la matière active. Pendant la charge et la décharge d'une électrode positive, plusieurs échantillons étaient prélevés et analysés pour leur teneur en PbO^2.

La fig. 1 montre les résultats obtenus ; la teneur de la matière active en PbO^2 augmente ou diminue à peu près proportionnellement à la quantité d'électricité qui traverse l'élément.

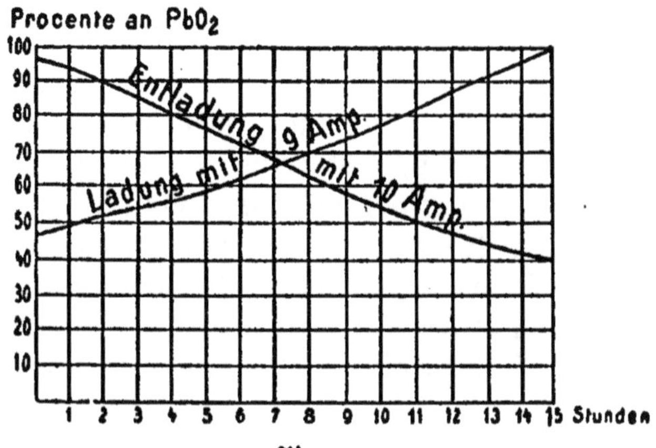

Fig. 1

Procente an PbO$_2$	PbO^2 pour 100
Entladung mit 10 Amp.	Décharge à 10 Amp.
Ladung mit 9 Amp.	Charge à 9 Amp.
Stunden	Heures

b. — *Formation et utilisation du sulfate de plomb et de l'acide sulfurique.* — La démonstration quantitative de la formation du sulfate de plomb a été apportée par Gladstone et Tribe qui firent l'analyse de la matière active ; leur affirmation que le sulfate se

---

[1]) *Elektrotech. Zeitschr.* 1891, p. 66.

forme sur les deux électrodes proportionnellement à
la quantité d'électricité obtenue par décharge, a été
mise en doute plus tard. Ayrton, Lamb et Smith étaient
arrivés à la même conclusion par leurs recherches
analytiques. Frankland objecta la présence probable
d'autres combinaisons du soufre, par exemple $S^2O^{11}Pb^5$.
Gladstone et Hibbert[1]) montrèrent que le sulfate de
Frankland, n'était qu'un mélange de sulfate et de
peroxyde et non un corps défini. Ayrton et Robertson[2])
arrivèrent au même résultat en étudiant la matière
active déchargée jusqu'à 1,6 volt; l'analyse donna
47.3 o/o PbO^2 et 50.74 o/o SO^4Pb.

Il y a une méthode plus simple et plus sûre que
l'analyse de la matière active pour connaître la quantité de sulfate formée en décharge ; elle consiste à
suivre la disparition de l'acide sulfurique entourant
les électrodes. Gladstone et Tribe avaient déjà dit que
la disparition de l'acide sulfurique était proportionnelle à la quantité d'électricité recueillie. Une mesure
quantitative de la consommation de l'acide sulfurique
avait été faite par Aron[3]), mais le résultat le plus précis est dû à W. Kohlrausch et C. Heim[4]). Comme il
est particulièrement important pour la théorie de l'accumulateur, nous décrirons ici explicitement leur
expérience, car la formation quantitative du sulfate
aux deux électrodes est encore contestée aujourd'hui.
Un accumulateur de la Firma Büsche et Müller à Hagen i. W. (actuellement Accumulatoren-Fabrik-Aktien-
gesellschaft, Hagen i. W.) était chargé au régime de
5 amp. et déchargé au régime de 6,5 amp. tandis que
la densité de l'acide était mesurée avec un aréomètre.

[1]) *Chem. News*, 65, 1892.
[2]) *Proc. Roy. Soc.* 50, p. 105. 1891.
[3]) *Elektrotechn. Zeitschr.* 1883, p. 58 et 100.
[4]) *Elektrotechn. Zeitschr.* 1889, p. 327.

La densité montait ou descendait proportionnellement à la quantité d'électricité traversant l'élément comme le montre la fig. 2.

En admettant que le processus chimique dans l'accumulateur est conforme à notre équation fondamentale (I), 2 molécules d'eau doivent disparaître pendant

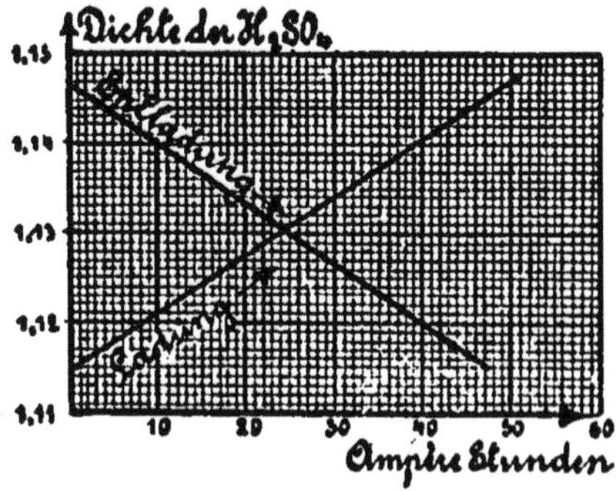

Fig. 2

Dichte der H₂SO₄	Densité de SO⁴H²
Entladung	Décharge
Ladung	Charge
Ampère-Stunden	Ampères-Heure

la charge et 2 molécules d'acide sulfurique doivent se former ; c'est le contraire pendant la décharge. La variation de densité de l'électrolyte se calcule de la façon suivante. L'élément non chargé contenait 3350 cm³ d'acide de densité 1,115, soit 16,32 o/o SO⁴H².

Le poids total du liquide est ainsi

$$3350 \times 1,115 = 3735 \text{ gr.}$$

et il contient

$$0,1632 \times 3735 = 610 \text{ gr. } SO^4H^2$$

et

$$3735 - 610 \text{ gr.} = 3125 \text{ gr. d'eau}$$

Après 50 ampères-heure de charge, la quantité d'eau qui doit disparaître est :

$$50 \times 2 \times 0{,}336 = 33{,}6 \text{ gr.}$$

et la quantité de SO^4H^2 qui doit se former :

$$33{,}6 \times \frac{98}{18} = 183 \text{ gr.}$$

Le liquide, après 50 ampères-heure de charge contiendra

$$3125 - 33{,}6 = 3091{,}4 \text{ gr. d'eau}$$

et

$$610 + 183 = 793 \text{ gr.} \quad SO^4H^2$$

et son poids sera

$$3091{,}4 + 793 = 3884{,}4 \text{ gr.}$$

La teneur en acide sera donc

$$\frac{793}{3884{,}4} = 20{,}42 \text{ o/o.}$$

La densité correspondante est 1,146. On peut déduire le volume du liquide après la charge

$$\frac{3884}{1{,}146} = 3389 \text{ cm}^3.$$

Par expérience, on a trouvé une densité de 1,147 après 50 ampères-heure de charge.

Il y a donc bien eu formation de 3,66 gr. d'acide sulfurique par ampère-heure pendant la charge, comme la théorie l'a prévu.

Récemment Mugdan [1]), dans une étude fort intéressante sur l'accumulateur au plomb, a décrit quelques expériences sur la sulfatation. De petites plaques Pollak bien formées et chargées, étaient déchargées dans des solutions sulfuriques de densités diverses, au régime de 0,02 ampère par cm², puis la quantité de sulfate formée était dosée. Les nombres obtenus sont rassemblés dans le tableau 1.

---

[1]) *Zeitschr. f. Elektrochem.* 1899, H. 23.

TABLEAU 1

	Sulfatation en 0/0 de la quantité théorique	
	Plaque positive	Plaque négative
1. Plaque Pollak déchargée dans l'acide à 26 o/o.	94.0	100.0
2. Plaque Pollak déchargée dans l'acide à 10 o/o.	90.1	98.7
3. Plaque Pollak *non déchargée* dans l'acide à 20 o/o	—	—
4. Plaque à grille perforée *non déchargée* dans l'acide à 26 o/o..	—	—
5. Plaque à grille perforée déchargée dans l'acide à 10 o/o	(80.3)	(21.7)
6. Plaque à grille perforée déchargée dans une solution de So^4Na^2 à 14 o/o	—	(70.4)

Le voltage des plaques 5 et 6 dont la capacité était moindre que celle des précédentes était tombé avant la fin de la décharge ; c'est donc seulement pour les plaques 1 et 2 que les conclusions sont valables. Pour ces plaques les nombres obtenus montrent que même dans l'acide sulfurique à 10 o/o, pour la forte densité de courant de 0,02 amp. par cm² et pour une décharge de 20 minutes, la formation de sulfate de plomb correspond bien à la théorie.

La décharge dans le sulfate de soude donne de l'oxyde à la positive, tandis que la négative se sulfate.

Après les recherches de W. Kohlrausch, Heim et Mugdan, le fait de la formation de sulfate sur chaque électrode n'est pas douteux. Il reste encore à prouver que cette formation de sulfate (et cela sur les deux électrodes) contribue à la production du courant et n'est pas le produit partiel ou total d'une réaction secondaire.

Cette preuve a été donnée plusieurs fois. Mentionnons que les expériences thermochimiques de

Tscheltzow et Streintz qui trouveront leur place dans le chapitre suivant ont pour conclusion que la force électromotrice calculée avec les chaleurs de combinaison ne coïncide avec la force électromotrice réelle que si l'on admet une formation de sulfate aux deux électrodes. J'ai moi-même montré que la variation de force électromotrice en fonction de la concentration de l'acide représente précisément la variation d'énergie libre que 2 molécules d'acide sulfurique subissent en passant d'une concentration à une autre (voir chapitre IV).

La grandeur de la variation de la force électromotrice avec la densité de l'acide montre ainsi que la sulfatation aux deux électrodes est l'effet d'une réaction primaire et non secondaire.

c. — *Formation d'eau.* — Il faut s'assurer que la formation d'eau correspond à notre équation fondamentale et qu'elle intervient dans le calcul de la force électromotrice. Le fait de la formation d'eau est immédiatement apparent dans les calculs précédents de Kohlrausch et Heim. On peut encore le déceler et prouver sa contribution à la production du courant en faisant des mesures de force électromotrice entre une électrode d'accumulateur et une électrode à hydrogène dans différentes densités d'acide, comme je l'ai moi-même démontré (voir chapitre V). On réalise ainsi les deux éléments PbO^2—H^2 et Pb—H^2, dans lesquels le courant est engendré par les réactions :

$$PbO^2 + H^2 + SO^4H^2 = SO^4Pb + 2\,H^2O.$$
$$Pb + SO^4H^2 = SO^4Pb + H^2.$$

Dans ces deux couples, il y a consommation de 1 SO^4H^2, mais dans le couple Pb—H^2, il y en outre formation de 2 H^2O. Leurs forces électromotrices respectives varieront avec la concentration de l'acide comme l'énergie de formation de l'eau varie dans des acides sulfuriques de différentes concentrations. Si maintenant la force électromotrice calculée en tenant compte de cette observation coïncide avec la force électromotrice mesurée, on ne doutera pas que la formation d'eau aux dépens du peroxyde n'apporte sa contribution à la production du courant.

Tous les résultats des recherches exposées jusqu'ici prouvent d'une façon irrécusable que le processus chimique de l'accumulateur au plomb est conforme à la seule équation :

$$PbO^2 + Pb + 2\,SO^4H^2 \gtrless 2\,SO^4Pb + 2\,H^2O$$

et que les produits de cette réaction sont primaires et non secondaires. Si l'accumulateur est soumis à de très hautes densités de courant, d'autres réactions peuvent se produire sans doute, qui ne seraient pas possibles dans les conditions normales de fonctionnement. Ainsi par exemple dans une décharge très rapide, l'acide est épuisé si complètement dans la matière active que la formation du sulfate devient impossible. La matière active dans ce cas s'oxyde à l'état d'hydrate de plomb ou se réduit selon l'équation :

$$PbO^2 + Pb + 2\,H^2O = 2\,Pb(OH)^2.$$

Dans ces conditions l'accumulateur est irréversible avec un rendement très mauvais, la force électromotrice n'étant plus que 1 volt environ. Pendant la charge avec une très haute densité de courant, l'acide peut devenir excessivement concentré vers les plaques positives et la formation d'acide persulfurique devient possible, tandis qu'aux négatives l'acide sulfurique peut se réduire en acide sulfureux, en hydrogène sulfuré voire même en soufre. On peut aisément mettre en évidence la possibilité de formation de ces produits anormaux en remplissant un accumulateur avec de l'acide très concentré (70 o/o SO^4H^2) et en chargeant à fort régime. L'acide qui environne les plaques positives bleuit alors l'iodure de potassium amidonné, pendant que de l'hydrogène sulfuré et du soufre apparaissent aux plaques négatives. La formation de ces produits n'a lieu que dans ces conditions anormales et jamais dans les conditions normales.

Il reste encore une question à examiner, qui est pour ainsi dire de la question vitale de l'accumulateur au plomb et que Nernst[1]) vient d'éclaircir. L'électrolyse de l'acide sulfurique dilué avec des électrodes de platine fournit aux deux pôles un faible dégagement gazeux avec 1,7 volt, et un fort dégagement gazeux avec 1,9 volt. On pourrait croire après cela, que l'acide sulfurique dilué ne saurait convenir comme électrolyte d'un accumulateur dont la force électromotrice dépasse 1,7 volt, puisque l'électrolyte se scinderait en ses éléments. Pourtant si l'on remplace les électrodes de platine par des électrodes en plomb, un courant permanent s'établit sous un voltage de 2 volts et les produits de l'électrolyse ne sont plus de l'oxygène et de l'hydrogène, mais du peroxyde de plomb et du plomb. Et quand les traces de sulfate de plomb ont disparu, le dégagement gazeux apparaît sous un voltage de 2,3 volts environ. La formation de plomb et de peroxyde de plomb aux dépens du sulfate de plomb se produit donc ici avec un voltage plus faible que la décomposition de l'eau. L'électrolyse fournit ainsi parmi les produits possibles, non ceux qui correspondent à la moindre dépense de travail, mais ceux dont l'énergie potentielle est plus grande (Pb et PbO^2)

------

[1]) *Zeitschr. f. Elektrochem.* 1900.

que celle des gaz tonnants. Cette attitude anormale du plomb, grâce à laquelle il est possible d'établir un accumulateur de 2 volts, est compréhensible avec le secours de la théorie que Nernst a donnée à propos du dégagement d'hydrogène sur les métaux, théorie qui a été sanctionnée par les recherches de Caspari [1]).

Au moindre voltage nécessaire pour la décomposition d'un électrolyte (énergie de formation) il convient de joindre un terme additif qui tient compte d'une propriété spécifique du métal des électrodes et qui est, comme le montre l'expérience, d'autant plus grand que le métal des électrodes absorbe moins d'hydrogène. Il semble ainsi, que le travail nécessaire pour la formation des bulles d'hydrogène à la surface d'un métal diminue beaucoup avec la capacité d'occlusion.

A propos de l'occlusion de l'hydrogène par le plomb un grand nombre de recherches [2]), toutes d'accord ont montré que le plomb ne peut occlure que peu ou même pas du tout l'hydrogène. Le travail nécessaire pour la formation de bulles d'hydrogène sera donc beaucoup plus grand sur le plomb que sur une surface de platine; il s'ensuit que l'électrolyse d'acide dilué contenant du sulfate de plomb, libèrera non de l'hydrogène, mais du plomb.

Cette conclusion est vérifiée par le simple essai suivant. Une cuvette de platine et une cuvette semblable de plomb sont placées comme catodes dans un même circuit. Dans les deux cuvettes se trouve du sulfate de plomb en bouillie avec de l'acide sulfuri-

---

[1]) *Zeitschr. phycical, Chem.* XXX, II, 1, p. 89. 1899.

[2]) G. Meyer, *Wied. Ann.* 33, p. 278. 1888. — Frankland, *Proc. Roy. Soc* XXXV, p. 67. — Gladstone et Tribe, *On the Chemistry of secondary Batteries*, p. 48. — Streintz. *Wied. Ann.* 38, p. 355. — Cantor. *Monatshefte für Chemie*, 11, p. 144. — Shields. *Chem. News*, 65, p. 193. 1892. — Scott, *Wied. Ann.* 67, p. 388, 1899.

que dilué ; les anodes sont constituées par des spirales de platine. On fait alors passer un courant de 0,02 amp.(densité de courant 0,0004 amp. environ par cm²).

Pour cette densité de courant la cuvette de plomb présente vis-à-vis d'une électrode auxiliaire en peroxyde de plomb une différence de potentiel de 1,92 volt et la cuvette de platine 1,60 volt seulement. Ces chiffres montrent que le sulfate de plomb ne se réduit pas dans la cuvette de platine. L'absence de réduction a été vérifiée, quand après 3 semaines de passage du courant, le sulfate était intact dans la cuvette de platine, tandis que le sulfate de la cuvette de plomb était presque complètement réduit en plomb spongieux. Si dans cette expérience on élève la densité du courant vers 0,001 ampère par cm², l'hydrogène se forme sur la surface de platine sous une si haute pression que la réduction du sulfate se produit.

Des considérations analogues s'appliquent sans doute à la séparation de l'oxygène sur les différents métaux.

Théorie de Darrieus.

Darrieus, dans une série de publications [1]), a combattu en 1892 la théorie de la sulfatation, et a proposé une autre théorie chimique de l'accumulateur au plomb. Partant du fait découvert par Berthelot, de la formation de l'acide persulfurique pendant l'électrolyse de l'acide sulfurique concentré avec une forte densité de courant, Darrieus suppose que pendant la charge de l'accumulateur avec de l'acide étendu, de

---

[1]) *Lum. électr.* 44, p. 513. 1892. — Voir aussi : Schoop, *Zeitschr. f. Elektrochem.* 1894, p. 293. — Schoop, *Handbuch der Accumulatoren.* 1898, p. 487.

l'acide persulfurique apparaît comme produit primaire et qu'il donne ensuite par réaction secondaire sur le sulfate de plomb du peroxyde de plomb et de l'acide sulfurique selon l'équation :

$$S^2O^7H^2 + SO^4Pb + 2H^2O = PbO^2 + 3SO^4H^2.$$

Ainsi que Gladstone et Tribe, il pense qu'à l'électrode négative pendant la charge le sulfate de plomb passe par réduction à l'état de plomb métallique. En ce qui concerne la décharge, il admet qu'à l'électrode négative du sous-oxyde de plomb se forme comme produit primaire, tandis qu'à l'électrode positive du protoxyde de plomb se forme de la même façon. Ces produits se transforment par une réaction secondaire en sulfate de plomb selon les équations :

$$Pb^2O + SO^4H^2 = Pb + SO^4Pb + H^2O,$$
$$PbO + SO^4H^2 = SO^4Pb + H^2O.$$

Gladstone et Hibbert [1]), ont opposé à la théorie de Darrieus le fait suivant. Une addition d'acide persulfurique au liquide anodique ne produit aucune élévation de force électromotrice, mais plutôt une diminution. Elbs et Schönherr [2]), montrèrent que l'acide persulfurique ne se forme abondamment que dans l'acide sulfurique concentré (densité de 1,3 à 1,5) mais que dans les acides étendus des accumulateurs il ne peut s'en produire que de petites quantités. La densité du courant a aussi une grande influence ; en employant de l'acide sulfurique de même concentration que celui des accumulateurs (densité 1,15), Elbs et Schönherr trouvèrent pour une densité de courant de 1 ampère par cm², seulement 7 o/o de la quantité théo-

----

[1]) *Chem. News*, 65, p. 309. 1892.
[2]) *Zeitschr. f. Elektrochem.* 1895, p. 417, 473 et 1896, p. 245, 471.

rique d'acide persulfurique et pour une densité de
courant de 0,5 ampère l'acide persulfurique était
indosable. Il faut donc exclure la formation de l'acide
persulfurique dans les conditions normales de fonctionnement.

Récemment Mugdan[1] a réfuté expérimentalement
la théorie de Darrieus. Ainsi que Gladstone et Hibbert,
Mugdan trouva que l'addition d'acide persulfurique
amoindrissait la force électromotrice au lieu de l'augmenter. L'acide persulfurique ne peut oxyder le sulfate
en peroxyde, mais au contraire transformer le peroxyde
en sulfate avec production d'oxygène ozonisé. Mugdan
a encore montré par des recherches directes que
même dans l'acide à 4,9 o/o et au régime excessif et
anormal de 0,018 à 0,025 ampère par cm² aucune
quantité appréciable de protoxyde et de sous-oxyde
ne se forme, mais seulement du sulfate.

Une simple considération énergétique montre que
l'hypothèse de Darrieus est insoutenable. La formation du peroxyde aux dépens de l'acide persulfurique
et du sulfate de plomb, ainsi que la formation du
sulfate de plomb aux dépens de Pb^2O ou de PbO est
nécessairement accompagnée d'une grande perte d'é-
nergie. Or en fait, l'accumulateur aux faibles régimes
est absolument réversible (sans perte d'énergie) (voir
chapitre IX). D'après Darrieus l'acide sulfurique
formé pendant la charge ne serait pas libéré mais
servirait en partie à la formation d'acide persulfurique. La différence de potentiel de charge devrait
baisser quand la concentration de l'acide augmente
ce qui est en contradiction avec les faits.

---

[1] *Zeitschr. f. Elektrochem.* 1899, p. 309.

Théorie de Elbs.

Elbs [1]) a proposé pour les phénomènes chimiques qui se produisent à l'anode une représentation différente de celle que fournit la théorie de la sulfatation. La possibilité de la préparation électrolytique du tétra-cétate de plomb [$(CH^3COO)^4Pb$] en partant du diacétate [$(CH^3COO)^2Pb$] conduisit Elbs à admettre que dans l'accumulateur, du sulfate tétravalent $(SO^4)^2Pb$ (disulfate de plomb) se forme dans une réaction primaire, puis qu'une réaction secondaire de l'eau sur ce corps engendre du peroxyde et de l'acide sulfurique.

Ainsi pendant la charge la réaction

$$SO^4Pb + SO^4 = (SO^4)^2Pb$$

se produirait à l'anode et ensuite

$$(SO^4)^2Pb + 2H^2O = PbO^2 + 2SO^4H^2.$$

Pour la décharge, Elbs admet la formation de sulfate de plomb sur les deux électrodes.

Cette destruction du disulfate de plomb est comme l'a remarqué Nernst [2]) un phénomène irréversible qui ne peut se produire sans une perte d'énergie non insignifiante. La théorie de Elbs tendrait à faire de l'accumulateur un élément irréversible ; nous montrerons plus loin que ceci est inadmissible. Le fait que la différence de potentiel de charge monte rapidement avec la concentration de l'acide est en contradiction avec la théorie de Elbs.

Selon cette théorie le processus de la charge est

____

[1]) *Zeitschr. f. Elektrochem.* 3, p. 70, 1896.
[2]) *Zeitschr. f. Elektrochem.* 3, p. 78.

représentable aux deux électrodes par l'équation unique :

$$2\,SO^4Pb = (SO^4)^2Pb + Pb.$$

Cette équation exprime en somme que pendant la charge l'acide sulfurique n'est ni pris ni rendu à l'électrolyte. Comme SO^4Pb est à l'état solide et comme par conséquent l'énergie libre du sulfate dissous est constante, la réaction précédente doit-être indépendante de la concentration de l'acide et partant la différence de potentiel de charge, ce qui n'est pas conforme aux faits.

Récemment le disulfate de plomb et un sel double du disulfate ont été préparés dans le laboratoire du professeur Elbs. Ce sel se détruit, ainsi que son isomère le persulfate de plomb, par dilution dans l'eau en peroxyde de plomb et acide sulfurique [1]). La formation du disulfate de plomb n'a pourtant pas lieu dans les conditions normales de fonctionnement de l'accumulateur, de sorte que ces recherches chimiques intéressantes ne sauraient être invoquées pour l'explication des phénomènes de l'accumulateur [2]).

La perte d'énergie liée à la décomposition du disulfate peut être évaluée par la quantité de chaleur dégagée par le mélange de 1 mol. gramme de disulfate de plomb avec l'acide de l'accumulateur. Comme le coefficient de température de l'accumulateur est très petit, une simple mesure calorimétrique permettrait de compter en volts la perte d'énergie dans l'accumulateur, si les choses se passaient selon la théorie de Elbs. Une telle mesure donnerait vraisemblablement plusieurs centièmes et même des dixièmes de volt,

---

[1]) Elbs. VI. *Hauptversammlung der Deutschen Elektrochemischen Gesellschaft.*
[2]) Nernst. *Zeitschr. f. Elektrochem.* VI, p. 46, 1899.

comme on peut l'inférer de la rapidité avec laquelle
se fait la décomposition. Une telle perte d'énergie est
incompatible avec la réversibilité absolue de l'accumulateur aux faibles densités de courant.

II

Théorie thermodynamique de la production du courant.

Nous avons vu dans le chapitre précédent que
l'énergie électrique n'était pas emmagasinée comme
telle dans un accumulateur, mais sous forme d'énergie chimique potentielle qui sera transformée ulté-
rieurement en énergie électrique quand l'accumulateur débitera.

Nous aurons à nous occuper tout d'abord des lois
qui régissent la transformation de l'énergie chimique
en énergie électrique et inversement. On sait que la
variation totale de l'énergie qui accompagne une réaction chimique est donnée par la chaleur de réaction.
Si nous laissons s'effectuer la réaction dans un élément galvanique (et c'est le cas d'un accumulateur
chargé), au lieu de la provoquer dans un calorimètre,
nous obtiendrons une certaine quantité d'énergie
électrique que nous pourrons évaluer quantitativement en travail et qui nous représentera « *l'énergie
libre* » (Helmholtz).

Entre la chaleur de réaction U et la variation d'é-
nergie libre (travail maximum), nous avons d'après le

deuxième principe de thermodynamique, la relation :

$$A = U + T \frac{\partial A}{\partial T} \qquad \ldots \quad \ldots \quad (2)$$

dans laquelle T est la température absolue et $T \frac{\partial A}{\partial T}$ le coefficient de température du système.

Si nous rapportons la chaleur de réaction à l'équivalent-gramme de substance réagissante, A représentera l'énergie électrique correspondant à la transformation de 1 équivalent-gramme et si E est la force électromotrice de l'accumulateur,

$$A = 96540 . \text{ E voltcoulombs}^{1}).$$

Si nous observons que 1 voltcoulomb est équivalent à 0,239 cal. gr., le second principe de thermodynamique donne, entre la chaleur de réaction et la force électromotrice, l'équation :

$$E = \frac{U}{23073} + T \frac{\partial E}{\partial T} \text{ volt} \quad . \quad . \quad . \quad (3)$$

Cette équation établie en 1882 par Von Helmholtz, permet de calculer la force électromotrice d'une réaction en fonction de la chaleur de réaction et du coefficient de température de la force électromotrice ou bien déduire ce coefficient de température de E et de U. Elle a été éprouvée depuis par de nombreuses applications.

Nous l'appliquerons d'abord à l'accumulateur, dans le cas le plus simple possible. Nous verrons au chapitre « Coefficient de température » que pour une densité de 1,044 (15° C) (0,70 mol. gr. SO^{4}H^2 par litre), la force électromotrice de l'accumulateur est indépendante de la température, c'est-à-dire que dans ce cas $\frac{\partial E}{\partial T} = 0$.

---

1) D'après la loi de Faraday, 96540 coulombs transforment 1 équivalent-gramme de substance réagissante.

Pour cette densité d'acide et seulement pour celle-ci la relation simple (loi de Thomson) :

$$E = \frac{U}{23073} \text{ volt.} \quad . \quad . \quad . \quad . \quad . \quad (4)$$

est valable. U est la chaleur de réaction correspondant à 1 équivalent-gramme, l'équation de réaction étant :

$$PbO^2 + Pb + 2SO^4H^2 = 2SO^4Pb + 2H^2O.$$

La détermination de la valeur de U dans cette réaction a été faite par Streintz [1] l'expérimentateur si compétent sur la question théorique de l'accumulateur et par le physicien français Tscheltzow [2]. Ils calculèrent la force électromotrice de l'accumulateur en admettant l'équation précédente. Comme la réaction des substances solides peroxyde de plomb et plomb est très lente, la mesure calorimétrique directe est impraticable, aussi faut-il suivre une voie indirecte. Streintz mesura la chaleur de réduction du peroxyde de plomb par un mélange aqueux d'acide sulfureux et d'acide chlorhydrique qui transforme le peroxyde en sulfate. Il obtint pour la chaleur de cette réaction :

$$PbO^2 + SO^2H^2, Aq = SO^4Pb + Aq + 76.700 \text{ calories.} \quad (5)$$

La chaleur d'oxydation de l'acide sulfureux est, d'après Thomsen : (*Thermochemische Untersuchungen*),

$$SO^2H^2 Aq + O = SO^4H^2, Aq + 63.600 \text{ calories.} \quad (6)$$

La soustraction des équations (5) et (6) donne

$$PbO^2 - O + SO^4H^2, Aq = SO^4Pb + Aq + 13.100 \text{ cal.} \quad (7)$$

Pour l'oxydation du plomb en protoxyde et la sulfatation de cet oxyde, Thomsen avait trouvé :

---

[1] *Wied. Ann.* 53, p. 698, 1894.
[2] *Comptes-rendus.* 100, p. 1458. 1885.

$$Pb + O + SO^4H^2, Aq = SO^4Pb + Aq + 73.700 \text{ calor.} \quad (8)$$

L'addition des équations (7) et (8) donne la chaleur de réaction de l'accumulateur :

$$PbO^2 + Pb + 2SO^4H^2, Aq = 2SO^4Pb + Aq + 86.800 \text{ cal.} (9)$$

Tscheltzow a de la même façon mesuré la chaleur de réduction du peroxyde de plomb par l'acide sulfureux (gazeux) et a trouvé :

$$PbO^2 + SO^2 (\text{gazeux}) = SO^4Pb + 82.600 \text{ calories.}$$

Il mesura en outre la chaleur d'oxydation du nitrate mercureux par le peroxyde de plomb et obtint :

$$PbO^2 + 2AzO^3Hg + 4AzO^3H = (AzO^3)^2Pb +$$
$$2(AzO^3)^2Hg + 2H^2O + 31.800 \text{ calories.}$$

La chaleur de formation du peroxyde déduite de ces nombres est

$$PbO + O = PbO^2 + 12.100 \text{ calories,}$$

tandis que les mesures de Streintz conduisent à

$$PbO + O = PbO^2 + 10.100 \text{ calories.}$$

La chaleur de réaction de l'accumulateur serait d'après les mesures de Tscheltzow quelque peu supérieure à la valeur de Streintz (88.800 calories au lieu de 86.800).

Il faut remarquer que les données de Thomsen utilisées plus haut s'entendent pour de l'acide sulfurique très dilué (1 mol. SO^4H^2 pour 400 mol. H^2O). Si l'on veut calculer la force électromotrice pour une concentration déterminée, il faut tenir compte de la chaleur de dilution de l'acide sulfurique.

Pour la densité d'acide de 1.044, pour laquelle la

relation simple (4) est valable, il convient de déduire une chaleur de dilution de :

$$2\,(SO^4H^2,\ 78\,H^2O) = 2\,(SO^4H^2,\ 400\,H^2O) + 1056\ \text{calories}$$

et on aura

$$2\,U = 85.700\ \text{calories ou}\ 87.700,$$

et la force électromotrice calculée au moyen de l'équation (4) sera :

$$E = 1,86\ \text{volt (Streintz)},$$
$$E = 1,90\ \text{volt (Tscheltzow)}.$$

Les mesures directes de force électromotrice dans le même acide donnent les valeurs concordantes 1,89 à 1,90 (chapitre IV). Le calcul de la force électromotrice de l'accumulateur pour la densité d'acide usuelle de 1,15 $(SO^4H^2 + 21\ H^2O)$ n'est pas possible avec l'équation (4); il faut se servir de l'équation (3), parce que dans ce cas le terme $T\,\dfrac{\partial E}{\partial T}$ a une valeur importante. Pour cette concentration nous avons à déduire une chaleur de dilution d'acide sulfurique de 1600 calories, ce qui donne : $2\,U = 85.200$ calories ou 87.200, $T = 290$, $\dfrac{\partial E}{\partial T} = +0,4.10^{-3}$ (voir chapitre VI).

$$\text{et}\ E = 1,96\ \text{ou}\ 2,01\ \text{volts},$$

tandis que la force électromotrice réelle (observée) est de 1,99 à 2,01 volts.

Prenons comme troisième exemple un calcul se rapportant à un acide très dilué de 0,01 mol. gr. SO^4H^2 par litre pour lequel la force électromotrice est de 1,66 volt à 18° C. Pour cette concentration d'acide la chaleur de dilution dont il nous faut tenir compte pour corriger les données thermochimiques de Thomsen est 1.088 calories. Elle est ici à ajouter.

$$2\,U = 87.900 \text{ cal.} \quad \text{ou} \quad 89.900 \text{ cal.}$$

$$\frac{\partial E}{\partial T} = -0,001 \quad (\text{Voir chapitre VI})$$

Au moyen de l'équation (3) on trouve $E = 1,63$ volt, valeur qui concorde suffisamment avec la force électromotrice mesurée, étant donnée l'incertitude de la valeur de $\frac{\partial E}{\partial T}$. Dans ce cas le terme $T\frac{\partial E}{\partial T}$ étant environ $-0,29$ volt, on voit que le calcul au moyen de l'équation (4) donnerait une force électromotrice absolument inexacte. Bien que la chaleur dégagée augmente avec la dilution de l'acide, la force électromotrice décroît rapidement.

Après ce qui a été dit dans le chapitre précédent, la concordance si parfaite entre la force électromotrice calculée avec le secours de la thermodynamique et la force électromotrice observée prouve d'une façon certaine que les phénomènes chimiques de l'accumulateur sont représentés par notre équation fondamentale et non par une autre. On rencontre fréquemment cette opinion, que la sulfatation n'est primaire que sur l'électrode de plomb spongieux, tandis qu'elle est secondaire sur l'électrode peroxyde par l'action de l'acide sulfurique sur l'oxyde formé d'abord. L'équation (3) permet de rectifier cette manière de voir. S'il en était ainsi, la chaleur correspondant à la sulfatation de l'oxyde étant

$$PbO + SO^4H^2Aq = SO^4Pb + Aq + 23400 \text{ calories,}$$

serait à déduire de la chaleur totale (86.800 ou 88.800) et la force électromotrice calculée serait 1.32 volt au lieu de $1,90$ volt. La possibilité d'une sulfatation primaire incomplète est donc exclue.

Le terme $T\frac{\partial E}{\partial T}$ de l'équation (3) est appelé chaleur secondaire ou latente d'un élément galvanique ; c'est la quantité de chaleur que l'élément emprunte ou cède au milieu ambiant selon qu'il est négatif ou positif. Dans l'accumulateur au plomb et pour les densités d'acide usuelles, l'énergie électrique est supérieure à l'énergie chimique et $\frac{\partial E}{\partial T}$ est positif ; il s'ensuit que l'accumulateur doit travailler en décharge avec absorption de chaleur et en charge avec dégagement de chaleur. Les mesures de Duncan ont montré ce fait directement. Nous ferons voir au chapitre « Coefficient de température » que dans l'acide dilué, c'est le contraire qui a lieu.

Des mesures quantitatives précises de la chaleur secondaire de l'accumulateur ont été entreprises par Streintz [1]. Un petit élément constitué par des électrodes de $9,3 \times 1,6$ cm. découpées dans des plaques Tudor, était placé dans un calorimètre à glace de Bunsen et tandis qu'il était chargé et déchargé à un faible régime, maintenu constant, la quantité de chaleur était mesurée. Pendant la décharge le dégagement de chaleur est la différence entre la chaleur de Joule et la chaleur secondaire. Pendant la charge, elle est la somme de la chaleur de Joule et de la chaleur secondaire. Si nous représentons par S la chaleur secondaire, par i le régime et par r la résistance intérieure de l'élément (faite aussi petite que possible) l'accumulateur dégage en décharge une quantité de chaleur de

$$q = i^2 r - Si \quad \text{watt-sec.}$$

et en charge une quantité de chaleur de

$$q' = i^2 r + Si \quad \text{watt-sec.}$$

Nous pourrons avec Streintz négliger la chaleur de

[1] *Wied. Ann.* 40, p. 504. 1893.

Joule en choisissant r et i aussi petits que possible et si le régime i est le même pour la charge et la décharge on obtient pour S, l'équation :

$$S = \frac{1}{2i}(q' - q) = T\,\frac{\partial E}{\partial T}\,.$$

Les résultats des mesures de Streintz sont rassemblés dans le tableau 2.

TABLEAU 2

Densité de l'acide	E Volts	Régime i Ampère	Dégagement de chaleur Watt. sec.		Durée de l'expérience	Chaleur secondaire S Watt. sec	
			Décharge q	Charge q'		mesurée	calculée
1,155	1,99	0, 100	0,0040	0,0228	61 min.	0,094	0,080
1,153	1,99	0,0678	0,00159	0,0137	120 —	0,089	0,086
1,237	2,07	0,0729	0,00547	0,01225	60 —	0,046	0,041

La dernière colonne renferme les valeurs de la chaleur secondaire déduite du coefficient de température (voir chapitre VI). La coïncidence de ces valeurs avec celles des mesures calorimétriques est évidemment très satisfaisante, eu égard aux faibles quantités de chaleur qui sont en jeu. Malheureusement ces mesures ne se rapportent qu'aux acides concentrés. Il serait intéressant de faire une mesure de chaleur secondaire dans l'acide très étendu parce que cette quantité, nous le montrerons plus loin, est alors très grande et prend même une valeur négative. Une telle mesure ne donnerait de bons résultats qu'aux régimes extrêmement faibles car de grandes variations de concentration se produiraient au voisinage des électrodes et le mélange des couches acides hétérogènes dégagerait une quantité de chaleur considérable. La cause d'erreur inhérente à ce genre de mesure calorimétrique sera beaucoup plus grande que celle qui provient de la résistance intérieure.

Nous trouverons d'autres applications de la thermodynamique à l'accumulateur au plomb aux chapitres IV, V, VI et VII.

III

Théorie osmotique de la production du courant.

Les considérations thermodynamiques précédentes, permettent une investigation sûre des phénomènes chimiques générateurs du courant mais ne suffisent pas pour approfondir les origines de la différence de potentiel. Il faut recourir pour cela à la nouvelle « Théorie osmotique » donnée par Nernst pour les éléments galvaniques en général. Cette théorie est par conséquent particulièrement intéressante dans le cas de l'accumulateur au plomb et nous commencerons par nous familiariser avec elle.

Si nous plongeons un bâton de métal dans un électrolyte, il existe entre le métal et le liquide une différence de potentiel qui tend à produire un courant de sens tel que le métal passe dans l'électrolyte. Cette différence de potentiel se présentant ainsi, prouve que chaque métal comme un sel soluble a une forte tendance à passer en solution à l'état de ions. Nernst a assimilé cette propriété des métaux à une tension de dissolution électrolytique.

Dès que le sel métallique s'est formé dans le liquide

entourant le métal, la différence de potentiel diminue parce que la pression osmotique des ions métal s'oppose à la tension de dissolution. Si nous élevons davantage la concentration des ions métal, la différence de potentiel s'annulera aussitôt que la pression osmotique sera égale à la tension de dissolution. La tension de dissolution est donc énergétiquement équivalente à la pression osmotique. La grandeur de la différence de potentiel qui apparaît au contact d'un métal avec la solution d'un de ses sels s'obtient dans la théorie de Nernst de la façon suivante. Si nous faisons passer du métal à la solution une quantité d'électricité de $1F = 96.540$ coulombs, qui d'après la loi de Faraday correspond à la dissolution de 1 équivalent-gramme du métal, il faut dépenser un travail de εF volt-coulombs, ε étant la différence de potentiel cherchée. En même temps, il y a $\frac{1}{n}$ ion. gr. du métal (n étant la valence) qui passent de la tension de dissolution P, à la pression osmotique p des ions dans la solution, ce qui représente un travail de $RT.\, L\frac{P}{p}$ [1]). Comme le phénomène de la dissolution d'un métal est réversible, le travail électrique doit être égal au travail osmotique. Exprimons la constante des gaz R en unités

---

[1]) Lorsqu'une molécule-gramme d'un gaz ou d'une substance en solution passe de la pression gazeuse ou osmotique p à la pression $p + dp$, le travail effectué est $dA = v\,dp$, v étant le volume. D'après la loi des gaz, qui selon Van t'Hoff est aussi applicable aux pressions osmotiques en solution étendue, on a $v = \frac{RT}{p}$ (R étant la constante des gaz, T la température absolue).

Par conséquent $dA = RT\frac{dp}{p}$. Pour le passage de la pression P à une pression plus petite p, le travail effectué sera :

$$A = RT \int_p^P \frac{dp}{p} = RT.\, L\frac{P}{p}.$$

électriques et employons les logarithmes de Brigg, il vient :

$$\varepsilon = \frac{RT}{n}.\,L\frac{P}{p} = \frac{0,0001983}{n}\,T\log\frac{P}{p}\ \text{volt.}$$

Comme la pression osmotique est proportionnelle en solution étendue à la concentration des ions, nous pourrons substituer au rapport des pressions, le rapport des concentrations et nous aurons :

$$\varepsilon = \frac{0,0001983}{n}\,T\log\frac{C}{c}\ \text{volt.}\ \ .\ \ .\ \ .\ \ .\ \ (10)$$

C est ici la concentration des ions qui contrebalance la tension de dissolution. Dorénavant nous désignerons la concentration C et la tension de dissolution de la même manière.

L'équation (10) a été établie par Nernst en 1889 ; avec les relations thermodynamiques précédentes de H. von Helmholtz, elle est la base de l'électrochimie moderne ; elle a déjà été fréquemment employée et sanctionnée.

Nous verrons dans ce qui suivra, quels services elle a rendu à la théorie de l'accumulateur au plomb. Le Blanc a eu le premier, le mérite d'appliquer la théorie des ions à l'accumulateur ; son traité d'électrochimie contient une explication de la production du courant à titre d'épreuve de cette théorie. Un an plus tard, Liebenow imagina une autre théorie de la production du courant basée sur la théorie des ions. Comme nous n'avons aucune raison de donner notre préférence à l'une ou à l'autre, nous les considèrerons comme ayant une égale valeur et nous les exposerons toutes les deux. L'unique avantage que la théorie de Liebenow, présenterait sur la théorie plus ancienne de Le Blanc serait sa simplicité et sa plus grande aptitude à se laisser comprendre par des formules exactes.

Théorie de Le Blanc.

Pour expliquer l'origine de la force électromotrice dans l'accumulateur, Le Blanc admet que le peroxyde de plomb, comme toute autre substance, présente une certaine solubilité dans l'eau. Le peroxyde de plomb qui se trouve en solution agit alors sur l'eau en formant des ions plomb tétravalents et des ions hydroxyle selon l'équation :

$$PbO^2 + 2\,H^2O = \overset{++}{\underset{++}{Pb}} + 4\,\overset{-}{O}H.$$

En décharge les ions plomb tétravalents abandonnent deux charges électriques à l'anode et s'unissent avec un ion $\overline{SO^4}$ de l'acide sulfurique à l'état de sulfate solide. A l'électrode de plomb spongieux, les 2 charges qui ont été prises à l'électrolyte par l'électrode positive, lui sont restituées par un ion $\overset{++}{Pb}$, qui s'unit enfin à un ion $\overline{SO^4}$ sous forme de sulfate solide. Les ions $\overset{+}{H}$ de l'acide devenus libres, forment de l'eau avec les ions $\overline{O}H$. Selon la théorie de Le Blanc, le phénomène de la décharge est représentable par les équations réversibles :

$$PbO^2 + 2\,H^2O = \overset{++}{\underset{++}{Pb}} + 4\,\overset{-}{O}H,$$

$$\overset{++}{\underset{++}{Pb}} + Pb + 2\,\overline{SO^4} = 2\,SO^4Pb,$$

$$4\,\overline{O}H + 4\,\overset{+}{H} = 4\,H^2O.$$

Quand tout le peroxyde et tout le plomb sont utilisés, il y a du sulfate de plomb aux deux pôles.

Pendant la charge au contraire, les ions plomb bivalents provenant du sulfate au pôle positif se chargent en ions $\overset{++}{Pb}$ tétravalents, qui réagissent alors sur l'eau et forment du peroxyde dès que leur concentration a atteint la valeur correspondant à la solubilité du peroxyde. A l'électrode négative les ions $\overset{++}{Pb}$ passent à l'état métallique en perdant leurs charges. Le phénomène de la charge est donc représentable par les équations :

$$2\,SO^4Pb_{\text{solide}} = 2\,\overset{++}{Pb} + 2\,\overset{--}{SO^4},$$

$$2\,\overset{++}{Pb} = \overset{++}{Pb} + Pb,$$

$$\overset{++}{Pb} + 4\overset{-}{OH} = PbO^2 + 2H^2O,$$

$$4\overset{+}{H} + 2\overset{--}{SO^4} = 2\,SO^4H^2.$$

Les réactions de la charge sont donc les inverses des réactions de décharge. La théorie de Le Blanc considère par conséquent l'accumulateur comme absolument réversible. Il y a là une différence essentielle avec la manière de voir de Elbs examinée précédemment. Au point de vue chimique cette explication des phénomènes de l'accumulateur par la théorie des ions, ainsi que la suivante de Liebenow, sont parfaitement d'accord avec notre équation fondamentale (1).

L'existence du plomb tétravalent en solution acide a été plusieurs fois démontrée. Déjà en 1893, H. Friedrich a trouvé que le chlorure de plomb tétravalent ($PbCl^4$) se forme quand on traite le peroxyde de plomb par l'acide chlorhydrique concentré. En 1896, Elbs a montré que l'électrolyse du diacétate de plomb dans certaines conditions est susceptible de fournir du tétracétate de plomb. Puis Förster [1] réussit à préparer le tétrachlorure de plomb et son sel double d'ammonium par électrolyse du chlorure de plomb. Il ne reste après cela aucun doute sur la possibilité de la formation de ions plomb tétravalents, par l'électrolyse d'une solution de sulfate de plomb et de la séparation de tels ions par le contact du peroxyde avec l'acide sulfurique dilué.

Théorie de Liebenow.

Liebenow [2], en 1896 a proposé pour les phénomènes relatifs à l'électrode peroxydée une théorie différente de la précédente. Il admet que dans une solution de plomb, il doit exister, outre les ions $\overset{++}{Pb}$ et les ions $\overset{--}{SO^4}$, des ions $\overset{--}{PbO^2}$ avec deux charges négatives, une certaine proportion des ions $\overset{++}{Pb}$ s'étant unis avec les ions $\overset{--}{O}$ de l'eau à l'état de ions $\overset{--}{PbO^2}$. Il faudrait considérer l'électrode peroxydée comme une électrode réversible relativement aux ions $\overset{--}{PbO^2}$, tout comme par exemple le zinc dans une solution de sulfate de zinc peut être considéré comme une électrode réversible par rapport aux ions zinc. Pendant la décharge,

<hr>

[1] *Zeitschr. f. Elektrochem.* III, p. 525. 1897.
[2] *Zeitshr. f. Elektrochem.* II, p. 420 et 653. 1896.

le mécanisme serait le suivant. A l'électrode positive le peroxyde passe dans la solution à l'état de ions $\overline{\overline{PbO^2}}$; quand la solution est saturée de ions $\overline{\overline{PbO^2}}$, ceux-ci réagissent sur les ions $\overset{+}{H}$ de l'acide en formant des ions $\overset{++}{Pb}$ et de l'eau selon l'équation :

$$\overline{\overline{PbO^2}} + 4\overset{+}{H} = \overset{++}{Pb} + 2H^2O.$$

Les ions plomb s'unissent alors avec les ions SO^4 de l'acide à l'état de sulfate solide :

$$\overset{++}{Pb} + \overline{\overline{SO^4}} = SO^4Pb \text{ solide.}$$

Le phénomène à l'électrode négative serait le même que dans la théorie de Le Blanc et consisterait dans le passage du plomb à l'état de ions.

Au contraire pendant la charge, les ions $\overset{++}{Pb}$ vont de la solution au pôle négatif et les ions $\overline{\overline{PbO^2}}$ au pôle positif. Au fur et à mesure de la disparition des ions, le sulfate en abondance aux électrodes en fournit de nouvelles quantités, les ions $\overset{++}{Pb}$ par dissociation directe du sulfate, les ions $\overline{\overline{PbO^2}}$ par hydrolyse :

$$\overset{++}{Pb} + 2H^2O = \overline{\overline{PbO^2}} + 4\overset{+}{H}$$

ou plus simplement

$$\overset{++}{Pb} + \overline{\overline{2O}} = \overline{\overline{PbO^2}}.$$

Pour donner à cette théorie un fondement certain, il est nécessaire de démontrer l'existence des ions $\overline{\overline{PbO^2}}$. Cette démonstration a été apportée par Liebenow et Strasser [1]). Ils électrolysèrent une solution de soude saturée d'hydrate de plomb et observèrent que la teneur en plomb du liquide anodique était fortement augmentée après l'électrolyse, c'est-à-dire que le plomb avait été transporté comme anion et que le plombite de soude s'était dissocié selon l'équation :

$$Na^2PbO^2 = 2\overset{+}{Na} + \overset{--}{PbO^2},$$

avec laquelle l'existence des ions $\overset{--}{PbO^2}$ est démontrée. Cette démonstration n'a été donnée que pour une solution alcaline et non pour de l'acide sulfurique dilué. Les adversaires de la théorie ont plusieurs fois

contesté à cause de cela, l'existence des ions $\overset{--}{PbO^2}$ en solution acide. Pourtant la théorie moderne des solutions ne fait pas de différence qualitative entre une solution acide et une solution alcaline. Elle ne fait qu'une différence quantitative qui consiste en ceci seulement, qu'une solution acide contient plus de

ions $\overset{+}{H}$ et moins de ions $\overset{--}{OH}$ qu'une solution alcaline. Donc tous les ions qui existent dans une solution alcaline peuvent exister aussi jusqu'à une certaine concentration dans une solution acide. On doit par suite admettre dans l'acide sulfurique dilué contenant

un sel de plomb, la présence des ions $\overset{--}{PbO^2}$ et il sera possible de calculer la concentration des ions PbO^2 dans l'acide sulfurique contenant du sulfate de plomb. Il est nécessaire pour cela de connaître la concentration des ions peroxyde dans la soude diluée, c'est-à-dire la solubilité de l'hydrate de plomb dans la soude.

  Deux déterminations que j'ai faites dans cette intention m'ont donné pour de la soude 0,066 normale à

---

[1] *Zeitschr. f. Elektrochem.* II, p. 653. 1896.

24°C une moyenne de 0,00305 mol. gr. Na²PbO² par
litre. On ne peut dans ces sortes de calculs qu'atteindre l'ordre de grandeur de la concentration des ions;
nous admettrons la dissociation complète du plom-
bite de sodium. La concentration des ions $\overset{--}{PbO^2}$ atteindra par conséquent au plus 0.003 mol. gr. par litre.
La concentration des ions hydroxyle obtenue en déduisant la quantité de soude employée à la formation
du plombite, est 0,054 mol. gr. par litre. Nous pouvons
nous figurer les ions peroxyde comme engendrés par
la réaction des ions plomb sur les ions oxygène de
l'eau :

$$\overset{++}{Pb} + 2\overset{--}{O} = \overset{--}{PbO^2}.$$

Les ions $\overset{--}{O}$ se forment dans l'eau d'après l'équation :

$$H^2O = 2\overset{+}{H} + \overset{--}{O}.$$

La loi de l'action des masses appliquée aux deux
réactions donne, si nous représentons les concentrations des ions par les symboles chimiques placés
entre parenthèses :

$$\left[\overset{--}{PbO^2}\right] = \text{constante} \left[\overset{++}{Pb}\right].\left[\overset{--}{O}\right]^2$$

$$\left[\overset{--}{O}\right] = \frac{\text{constante}}{\left[\overset{+}{H}\right]^2},$$

et

$$\left[\overset{--}{PbO^2}\right] = \text{constante} \frac{\left[\overset{++}{Pb}\right]}{\left[\overset{+}{H}\right]^2} \quad \cdots \quad (11)$$

La concentration des ions $\overset{--}{PbO^2}$ est ainsi proportionnelle à la première puissance de la concentration

des ions plomb et inversement proportionnelle à la quatrième puissance de la concentration des ions hydrogène (titre de l'acide).

La concentration des ions $\overset{+}{H}$ dans la solution de soude précédente calculée avec la constante de Kohlrausch et Heydweiller pour le premier degré de dissociation de l'eau :

$$\left[\overset{+}{H}\right].\left[\overset{-}{OH}\right] = 1,1.10^{-14}\,(24°\,C.)$$

est $2,2.\,10^{-13}$, en prenant pour $\left[\overset{-}{OH}\right]$ la valeur de 0,05 pour 90 o/o de dissociation de la solution de soude. La solubilité de l'hydrate de plomb dans l'eau pure est d'après les mesures de conductibilité de Kohlrausch et Rose [1], 4.10^{-4} mol. gr. par litre. On a donc à peu près :

$$\left[\overset{++}{Pb}\right].\left[\overset{-}{OH}\right]^2 = (4.10^{-4})^2 = 0,64.10^{-10}$$

et pour la soude 0,05 normale

$$\left[\overset{++}{Pb}\right] = \frac{0,6.10^{-10}}{\left[\overset{-}{OH}\right]^2} = 2.10^{-8}\,\text{environ.}$$

Avec les valeurs de $\left[\overset{++}{Pb}\right]$, $\left[\overset{+}{H}\right]$ et $\left[\overset{-}{PbO_2}\right]$ on calculera le facteur de proportionnalité $0,3.10^{-45}$, et on obtiendra la concentration des ions peroxyde par l'équation :

$$\left[\overset{--}{PbO_2}\right] = 0,3.10^{-45}\,\frac{\left[\overset{++}{Pb}\right]}{\left[\overset{+}{H}\right]^4}\qquad \ldots \quad (12)$$

Dans une solution normale d'acide et de sel de plomb, la concentration des ions peroxyde a donc la

---

[1] *Wied. Ann.* 50, p. 135. 1893.

valeur extrêmement faible de 10^{-13} mol. gr. par litre. Dans une solution sulfurique dans laquelle le sulfate de plomb est très peu soluble, elle doit-être encore beaucoup moindre.

Pour de l'acide sulfurique $0,1$ normal par exemple nous aurions $\left[\overset{+}{H}\right] = 0,2$.

La solubilité du sulfate de plomb dans l'eau pure est d'après Frésénius [1] et d'après Kohlrausch et Rose [2], $1,4.10^{-4}$ mol. gr. par litre. Avec l'hypothèse d'une dissociation complète la loi d'action des masses donne :

$$\left[\overset{++}{Pb}\right].\left[\overset{--}{SO^4}\right] = (1,4.10^{-4})^2 = 2.10^{-8}.$$

Dans l'acide sulfurique $0,1$ normal, $\left[\overset{--}{SO^4}\right] = 0,1$ environ et

$$\left[\overset{++}{Pb}\right] = 2.10^{-7} \text{ environ.}$$

L'équation (12) donne alors :

$$\left[\overset{--}{PbO^2}\right] = 4.10^{-30} \text{ mol. gr. environ par litre.}$$

Bien que cette concentration soit très faible, Nernst a fait voir [3] qu'il n'y a aucune raison pour qu'elle n'agisse pas sur la force électromotrice ; dans une solution de cyanure d'argent et de potassium, les ions argent se séparent quantitativement, même aux fortes densités de courant, bien que les ions argent soient très-rares dans cette solution. Evidemment les ions avoisinant l'électrode seraient vite épuisés, si le sulfate qui existe toujours en abondance ne fournissait au fur et à mesure de nouveaux ions $\overset{--}{PbO^2}$.

[1] *Lieb. Ann.* 59, p. 125.
[2] *Wied. Ann.* 50, p. 135. 1893.
[3] *Zeitsch. f. Elektrochem.* VI, p. 46. 1899.

D'ailleurs, la concentration des ions $\overset{++}{Pb}$ est aussi extrêmement faible dans la théorie de Le Blanc, car l'acide sulfurique en contact avec le peroxyde est saturé de ions $\overset{++}{Pb}$ et n'est cependant pas oxydable d'une façon appréciable, comme ce serait le cas, s'il contenait une grande quantité de ions $\overset{++}{Pb}$.

Enfin mentionnons que la propriété du peroxyde de plomb de bien conduire métalliquement, exprime l'aptitude de ce corps, à se comporter comme ion dans un électrolyte.

Nous appliquerons la formule de Nernst donnée plus haut, au cas de la théorie de Liebenow. Représentons par C_o la tension de dissolution de l'électrode peroxyde pour les ions $\overline{Pb}\overline{O}{}^{\imath}$, par C_p celle de l'électrode plomb pour les ions $\overset{++}{Pb}$ et la concentration des ions dans l'acide par le symbole placé entre parenthèses, la différence de potentiel entre l'électrode peroxyde et l'acide sera :

$$\varepsilon_0 = -\frac{RT}{2}\,L\,\frac{C_o}{\left[\overline{Pb}\overline{O}{}^{\imath}\right]} \qquad {}^{\imath})$$

et la différence de potentiel entre l'électrode plomb et l'acide :

$$\varepsilon_p = \frac{RT}{2}\,L\,\frac{C_p}{\left[\overset{++}{Pb}\right]}.$$

La force électromotrice totale de l'accumulateur

$^{\imath})$ Comme l'électrode peroxydée fournit à la solution, des ions chargés négativement, cette différence de potentiel doit être comptée négativement.

s'obtient en faisant la différence des différences de potentiel partielles.

$$E = \epsilon_p - \epsilon_0 = \frac{RT}{2} L \frac{C_p \quad C_0}{\left[\overset{++}{Pb}\right]\left[\overline{\overline{PbO^2}}\right]} \qquad . \quad . \quad (13)$$

et si la température ambiante est $18°$ ($T = 273 + 18$) et en employant les logarithmes de Brigg,

$$E = 0,0288 \log. \frac{C_0 \quad C_p}{\left[\overline{\overline{PbO^2}}\right]\left[\overset{++}{Pb}\right]} \qquad . \quad . \quad (14)$$

Les tensions de dissolution C_0 et C_p sont des constantes pour une température donnée. On voit immédiatement avec cette équation que la force électromotrice doit diminuer quand la concentration des ions $\overline{\overline{PbO^2}}$ et $\overset{++}{Pb}$ augmente. Dans une solution alcaline dans laquelle il y a, comme nous l'avons vu plus haut, beaucoup de ions PbO^2, E doit être beaucoup plus faible que dans l'acide sulfurique ; il en est de même pour les solutions de sels de plomb facilement solubles parce qu'elles contiennent beaucoup de ions $\overset{++}{Pb}$. Ainsi la force électromotrice de l'accumulateur avec de la soude saturée d'hydrate de plomb est seulement de 0,8 volt environ ; elle est aussi beaucoup plus basse dans une solution acide de nitrate de plomb que dans l'acide sulfurique. Si, nous reportant à l'équation (11) nous diminuons au contraire la concentration des ions $\overset{++}{Pb}$, il en résulte une diminution de la concentration des ions $\overline{\overline{PbO^2}}$ et la force électromotrice doit s'élever. Ce cas serait peut-être réalisé par précipitation du sulfate avec de l'hydrogène sulfuré. Nous étudierons dans le chapitre suivant une application quantitative de la théorie osmotique.

IV

Variation de la force électromotrice avec la concentration de l'acide.

a. — *Considérations générales.* — Planté avait observé que la force électromotrice de son élément secondaire montait quelque peu avec la concentration de l'acide. Des mesures précises s'appliquant à une grande échelle de concentrations ont été faites ensuite par Heim [1].

Un élément Tudor était rempli avec des solutions sulfuriques dont la concentration augmentait successivement de 5 o/o. L'élément était chargé et déchargé plusieurs fois et 15 à 18 heures après la dernière charge, quand le voltage était constant, il mesurait la

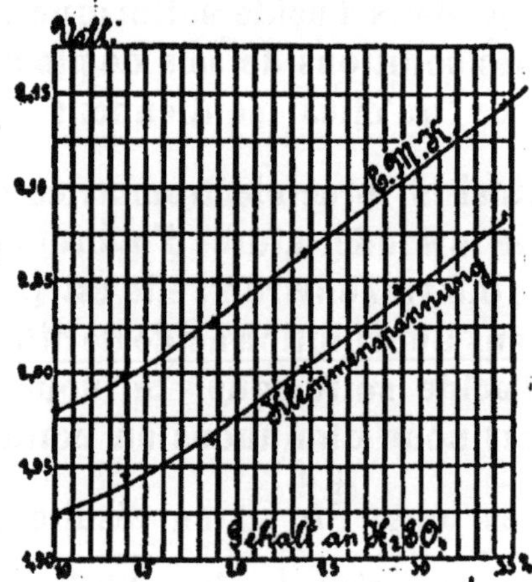

Fig. 3

E. M. K.	Force électromotrice
Klemmenspannung	Différence de potentiel aux bornes
Gehalt an H₂SO₄	Teneur en SO⁴H²

---

[1] *Elektrotechn. Zeitschrift*, X, H. 4. 1889.

force électromotrice (à 15° C) et en même temps la densité de l'acide. Ses résultats sont représentés par la fig. 3. La force électromotrice monte presque proportionnellement à la teneur en acide.

D'autres expériences sur l'influence de la densité de l'acide sur la force électromotrice ont été faites par Streintz [1]). Ses mesures étaient conduites de la même façon que celles de Heim sur l'accumulateur Tudor.

TABLEAU 3

z	E_z	
	mesurée	calculée
80,3	1,900	1,899
166,1	1,950	1,945
230,7	1,987	1,985
296,9	2,021	2,019
366,3	2,055	2,059
425,2	2,087	2,092
470,0	2,116	2,118
516,3	2,149	2,144
570,4	2,173	2,175
611,0	2,195	2,199
640,9	2,217	2,215
684,2	2,235	2,240

Le tableau 3 contient les résultats, z est la teneur en acide en grammes par litre et E_z la force électromo-

---

[1]) *Wied. Ann.* 40, p. 449. 1892.

trice correspondante. Les valeurs de E sont représentables par la fonction linéaire :

$$E_\varepsilon = 1,850 + 0,00057_\varepsilon \quad . \quad . \quad . \quad . \quad (15)$$

Gladstone et Hibbert [1]) ont fait des mesures semblables et ont obtenu les nombres suivants (tableau 4).

TABLEAU 4

Densité	SO⁴H²0/0	Force électromotrice
1,045	6,5	1,887
1,065	9,5	1,898
1,080	11,5	1,915
1,115	16,2	1,943
1,157	21,7	1,978
1,217	29,2	2,048
1,254	33,7	2,088
1,335	43,0	2,170

Les mesures de Heim, Streintz, Gladstone et Hibbert concordent bien entre elles, en ce qui concerne la forme de la variation, mais les valeurs absolues diffèrent notablement les unes des autres, ce qui peut s'expliquer, soit par la diversité des températures d'observation, soit par des erreurs inhérentes aux instruments de mesure, soit par la présence d'impuretés dans l'acide.

Avec un élément contenant des produits chimiquement purs et en comparaison d'un élément Weston étalon, j'ai obtenu les chiffres suivants. La force

[1]) *Elektrotechn. Zeitsch.* 13, p. 436. 1892.

électromotrice de l'élément Weston était 1.0220 volt à 15° C.

TABLEAU 5

Densité	SO^4H^2 0/0	Force électromotrice à 15° C
1,050	7,37	1,900
1,150	20,01	2,010
1,200	27,32	2,051
1,300	39,19	2,142
1,400	50,11	2,233

Les forces électromotrices sont ici un peu plus élevées que celles qu'on calcule par la formule de Streintz (15), mais les écarts ne surpassent pas 1 o/o.

Cherchons maintenant une explication théorique des causes de l'accroissement de la force électromotrice avec la densité de l'acide et considérons pour cela un cycle thermodynamique [1]). Nous supposerons que deux accumulateurs sont remplis avec des acides de densités différentes et qu'ils sont groupés de telle façon que leurs forces électromotrices soient opposées (les pôles de même nom étant reliés). L'acide de l'accumulateur I est plus concentré que celui de l'accumulateur II. Comme la force électromotrice de l'accumulateur I est supérieure à la force électromotrice de l'accumulateur II, nous pouvons emprunter de l'énergie électrique pendant que l'accumulateur I déchargera et que l'accumulateur II chargera. Les quantités de matières PbO^2, Pb et SO^4Pb engagées dans

---

[1]) *Zeitschr. f. Elektrochem.* IV, H, 15. 1897-98 et *Wied. Ann.* 65, p. 894. 1898.

l'un des accumulateurs correspondent à des quantités égales des mêmes matières engagées dans l'autre accumulateur et il ne reste comme processus producteur de courant que le passage de SO^4H^2 de la solution concentrée de I à la solution plus étendue de II et le passage de H^2O de la solution II à la solution I. Pour une quantité d'électricité de 96540 coulombs qui correspond à la mise en jeu de 1 équivalent-gramme de matière, la variation d'énergie libre est :

$$A = \Delta E . 96540 \text{ voltcoulombs,}$$

ΔE étant la différence des forces électromotrices des deux accumulateurs.

Nous pouvons encore calculer A de deux autres façons indépendantes l'une de l'autre : soit par la considération de la quantité de chaleur qui accompagne le transport de l'acide sulfurique et de l'eau, et du coefficient de température de ΔE; soit en considérant une vaporisation isotherme à propos de laquelle nous suivrons les calculs que H. v. Helmholtz a donnés pour exprimer la force électromotrice de l'élément au calomel en fonction de la concentration de sa solution.

Etant donnée l'importance que possèdent ces calculs pour la théorie de l'accumulateur, nous examinerons les deux méthodes.

La chaleur de dilution de l'acide sulfurique a été mesurée par J. Thomsen [1]. Il a établi une formule empirique pour l'expression de la chaleur produite par le mélange de a mol. gr. SO^4H^2 avec b mol. gr. d'eau :

$$W = \frac{a.b}{b+1,708a} 17860 \text{ calories.}$$

La chaleur dégagée accompagnant le passage de

---

[1] *Thermochem. Untersurchungen.* III, p. 54.

l'acide de l'accumulateur I dans l'accumulateur II est évidemment donnée par la différence des chaleurs de dilution de l'acide sulfurique en solution dans I et de l'acide sulfurique en solution dans II. Même remarque pour le passage de l'eau de II dans I.

La chaleur de mélange de $1\,SO^4H^2$ ou de $1\,H^2O$ pour passer à l'état de solution sulfurique contenant a mol. gr. SO^4H^2 et b mol. gr. H^2O est donnée par les quotients différentiels partiels de W par rapport à a et b.

Désignons le premier par Q et le second par Q' :

$$Q' = \frac{\partial W}{\partial a} = \frac{17860\,b^2}{(b+1{,}708a)^2}\ \text{calories} \quad . \quad . \quad (16)$$

$$Q = \frac{\partial W}{\partial b} = \frac{1708\,a^2}{(b+1{,}708a)^2}\,17860\ \text{calories.} \quad . \quad (17)$$

La variation totale d'énergie qui correspond au processus générateur du courant dans notre système de deux accumulateurs groupés en opposition est ainsi :

$$U = Q_{II} - Q_I + Q'_I - Q'_{II}.$$

Entre la chaleur U, l'énergie libre A et le coefficient de température, nous avons d'après le deuxième principe de thermodynamique, la relation de Helmholtz (page 19).

$$A = U + T\frac{\partial A}{\partial T}.$$

Si on observe que

$$A = \Delta E.\,96540\ \text{voltcoulombs.}$$

et que 1 voltcoulomb est équivalent à 0,239 cal. gr. il vient :

$$\Delta E = \frac{U}{23073} + T\frac{\partial \Delta E}{\partial T}\ \text{volt.} \quad . \quad . \quad . \quad (18)$$

Comme le coefficient de température est évaluable

en fonction de la concentration de l'acide, nous avons toutes les données pour le calcul de ΔE.

Nous pouvons entreprendre le calcul de ΔE en suivant une autre voie indépendante de la précédente. Le travail capable d'effectuer le transport de 1 SO^4H^2 de I vers II est donné par la différence des travaux de mélange de SO^4H^2 dans I et dans II. Pour calculer le travail de mélange, nous pouvons nous figurer qu'on fait sortir par une vaporisation isotherme une quantité d'eau qui ajoutée à 1 mol. gr. SO^4H^2 donnerait un acide de même concentration que celui de l'accumulateur. Nous pouvons alors mélanger les acides ainsi dilués sans aucun travail positif ou négatif de l'accumulateur. Si l'acide de l'accumulateur contient pour 1 mol. gr. d'acide sulfurique, $n = \dfrac{b}{a}$ mol. gr. d'eau, il faudra vaporiser n mol. gr. d'eau. Désignons les tensions de vapeur d'eau constantes des acides des accumulateurs par p_1 et p_2 et la tension variable de l'acide modifié par p, le travail de vaporisation pour 1 mol. gr. d'eau sera (voir note page 28) :

$$\mathrm{RT.L}\frac{p_1}{p} \ \text{ou} \ \mathrm{RT.L}\frac{p_2}{p}.$$

Pour la vaporisation de n_1 ou n_2 mol. gr. d'eau ces travaux seront :

$$A_I = \mathrm{RT}\int_0^{n_1} \mathrm{L}\frac{p_1}{p}\,dn,$$

$$A_{II} = \mathrm{RT}\int_0^{n_2} \mathrm{L}\frac{p_2}{p}\,dn.$$

La dépense de travail liée au transport de 1 mol. gr. SO^4H^2 de I vers II est :

$$A_{II} - A_I = \mathrm{RT}\int_0^{n_2} \mathrm{L}\frac{p_2}{p}\,dn - \mathrm{RT}\int_0^{n_1} \mathrm{L}\frac{p_1}{p}\,dn.$$

$$= \mathrm{RT}\left(n_2 \mathrm{L}p_2 - n_1 \mathrm{L}p_1 - \int_{n_1}^{n_2} \mathrm{L}p\,dn\right). \quad . \quad (19)$$

Le transport d'eau de l'accumulateur II vers l'accumulateur I exige un travail qui de même est représenté par le travail de vaporisation de 1 mol. gr. d'eau de II vers I :

$$RT.L\frac{p_2}{p_1}.$$

Exprimons R en unités électriques et nous aurons :

$$\frac{R}{96540 \text{ coulombs}} = 0,860, \ 10^{-4} \text{ volt,}$$

et pour ΔE :

$$\Delta E = 0,860.10^{-4}T\left(n_2\,L\,p_2 + L\frac{p_2}{p_1} - n_1\,L\,p_1 - \int_{n_1}^{n_2} L\,p\,dn\right),$$

et avec les logarithmes décimaux,

$$\Delta E = 1,983.10^{-4}T\left(n_2\log p_2 + \log\frac{p_2}{p_1} - \log\frac{p_1}{p_1} - \int_{n_1}^{n_2}\log p\,dn\right) \quad (20)$$

Grâce aux mesures de Dieterici [1]) nous possédons des nombres de tension de vapeur des solutions sulfuriques extrêmement exacts et nous avons ainsi toutes les données nécessaires pour le calcul de ΔE.

Afin d'éprouver par l'expérience les deux formules que nous venons d'établir pour ΔE, j'ai placé un élément contenant de l'oxyde de plomb pur dans la glace fondante, je l'ai rempli avec différentes solutions sulfuriques et j'ai mesuré les forces électromotrices correspondantes. Les résultats sont rassemblés dans le tableau 6. Les valeurs de tensions de vapeur p sont empruntées aux mesures de Dieterici faites à 0° C.

Les valeurs calculées de la force électromotrice ont été obtenues en prenant les différences de E vis-à-vis de la valeur III (2,103 volts) au moyen des formules (18) et (20) et en les ajoutant à cette même valeur.

Pour éprouver les équations (18) et (20) dans le cas

---

[1]) *Wied. Ann.* 50, p. 61, 1893.

d'un accumulateur usuel, j'ai emprunté aux mesures de Heim et de Streintz qui se rapportent à un accumulateur Tudor, les mêmes différences (ΔE) autant que les données sur la température et le coefficient de température le permettent et j'ai noté les valeurs de E calculées ainsi dans le tableau 6.

On voit dans ce tableau que la concordance entre le calcul et l'observation est excellente.

TABLEAU 6

	Densité d'acide 15°C	SO⁴ H² P. 100	n	Tension de vapeur p en mm. Hg.	$\frac{dE}{dT}$ Milli-volt	Force électromotrice E (O° C) en Volts				
						Calculée		Mesurée		
						de U	de p	Dolezalek	Streintz	Heim
I	1,553	64,5	3	0,431	$+$0,04	2,30	2,383	2,355	—	—
II	1,420	52,15	5	1,297	$+$0,06	2,25	2,257	2,253	2,268	—
III	1,266	35,28	10	2,075	$+$0,11	(2,10)	(2,103)	2,103	(2,103)	(2,103)
IV	1,154	21,40	20	4,027	$+$0,32	2,06	2,000	2,008	1,992	2,002
V	1,035	5,16	100	4,540	$-$0,07	1,85	1,892	1,887	1,891	—

Les valeurs calculées au moyen de U (en particulier pour les solutions diluées IV et V) ne sont pas très exactes, parce qu'elles sont tirées d'une formule ne s'appliquant qu'imparfaitement à la réalité. La valeur du terme $T \frac{\partial E}{\partial T}$ de la formule (18) est prise dans les mesures du coefficient de température de Streintz[1]), ce qui peut être fait avec une précision suffisante, la valeur de ce terme atteignant au maximum 0,05 volt. Le faible coefficient de température de notre système

---

[1]) Streintz. *Wied. Ann.* 46, p. 454. 1892.

s'accorde d'ailleurs avec le fait annoncé par Nernst [1]) que la variation d'énergie libre dans le mélange des solutions sulfuriques diffère peu de la variation d'énergie totale (chaleur dégagée). Les mesures de Heim et de Streintz (tableau 6) font voir que les formules (18) et (20) sont applicables aux accumulateurs usuels.

Cet accord des résultats des deux calculs, entrepris par deux voies différentes, avec l'expérience, concourt avec les résultats thermodynamiques de Streintz et Tscheltzow, à prouver que le processus générateur du courant dans l'accumulateur est représenté par l'équation (1) et non par une autre, qu'il est réversible et que les produits intermédiaires ne jouent aucun rôle.

Les calculs précédents fournissent une indication précieuse pour la pratique de la construction des accumulateurs, s'il s'agit d'élever la force électromotrice. Toute substance ajoutée à l'acide de l'accumulateur, qui amoindrirait la tension de vapeur d'eau et qui ne troublerait pas le processus électrolytique, produirait une élévation de la force électromotrice. Il semble d'ailleurs difficile de trouver une matière inerte qui résiste longtemps à l'action oxydante du PbO_2 et à l'action réductrice du plomb spongieux. Il ne faut pas non plus que la substance ajoutée diminue la conductibilité, parce qu'alors le rendement, comme nous le ferons voir plus loin, diminuerait aussi. L'emploi de l'acide très concentré est exclu à cause de son action directe sur le plomb spongieux. Par l'amalgamation on peut d'ailleurs amoindrir l'importance de cette action et atteindre une force électromotrice de 2,7 volts, pendant peu de temps il est vrai.

Après les calculs et les mesures qui précèdent, on

---

[1]) Nernst. *Wied. Ann.* 53, p. 57. 1894.

remarquera que l'accumulateur au plomb est un appareil extrêmement commode pour l'évaluation des variations de l'énergie libre dans le mélange des solutions sulfuriques et que les tableaux contenant les forces électromotrices en fonction de la concentration de l'acide, comme les tableaux relatifs à la variation d'énergie libre liée à la variation de concentration d'une solution sulfurique, donnent de précieux renseignements.

b. — *Considérations relatives aux solutions étendues.* — L'équation (20) étudiée plus haut, qui exprime la relation entre la tension de vapeur de l'acide et la force électromotrice de l'accumulateur se prête mal aux applications pratiques et n'a guère qu'un intérêt théorique. Elle se convertit en une relation très simple si on ne considère que les solutions d'acide étendu moins concentrées que l'acide bi-normal. Supposons que les deux accumulateurs (page 43) soient remplis avec des acides dont les concentrations diffèrent infiniment peu ; posons alors $n_2 = n_1 + \delta n$, $p_2 = p_1 + \delta p$, la formule précédente se réduira à l'équation :

$$\frac{\delta E}{\delta n} = -RT(n+1)\frac{\delta Lp}{\delta n}. \quad \ldots \ldots \quad (21)$$

Remplaçons dans cette équation n par la teneur normale c (mol. gr. par litre) et nous obtiendrons pour le coefficient d'acide de l'accumulateur, si $n = \frac{55,5}{c}$, la relation :

$$\frac{\delta E}{\delta c} = -55,5 \, RT\left(\frac{1}{c} + 0,018\right)\frac{\delta Lp}{\delta c}$$

L'abaissement relatif de la tension de vapeur $-\frac{\delta Lp}{\delta c} = -\frac{\delta p}{p} \cdot \frac{1}{\delta c}$, dû à l'addition de 1 mol. gr. SO^{4}H^2, est d'après la loi de Raoult-Van t'Hoff, indépendant de la concentration et sa valeur est $\frac{v}{N}$ pour un électrolyte qui se scinde en v parties par dissociation, N étant le nombre de mol. gr. d'eau contenu par litre ($N = 55,55$). Le coefficient d'acide est alors :

$$\frac{\partial E}{\partial c} = v\,RT\left(\frac{1}{c} + 0,018\right) \quad . \quad . \quad . \quad (22)$$

L'intégration de cette équation de c_1 à c_2 fournit enfin en donnant à R sa valeur numérique et en employant les logarithmes de Brigg:

$$E_2 - E_1 = 0,1983.10^{-3}\,v\,T\left(\log. \frac{c_2}{c_1} + 0,018\,[c_2 - c_1]\right). \quad (23)$$

L'acide sulfurique se dissociant en 3 parties il faudrait faire $v = 3$. Pourtant d'après les mesures du point de congélation, l'acide sulfurique de concentration normale serait incomplètement dissocié et v aurait une valeur inférieure à 3.

Les mesures qu'on trouvera plus loin et les déterminations du point de congélation de l'acide sulfurique étendu de Loomis concordent bien et donnent pour la valeur de v à o°C pour l'acide normal une moyenne de 2,22. La force électromotrice d'un accumulateur rempli d'acide normal est d'après plusieurs mesures concordant à o,ooo2 volt près, de 1,917 volt à o°C [1]).

Si nous plaçons cette valeur dans l'équation (23) la force électromotrice E_c pour la concentration c à o°C sera :

$$E_c = 1,917 + 0,120 \log c + 0,001 c \quad . \quad . \quad (24)$$

et pour une température ambiante de 18°C elle est à peu près :

---

[1]) La force électromotrice de l'élément normal Weston étant prise égale à 1,0220 volt à 15° C.

$$E_c = 1{,}92 + 0{,}15 \log c \quad . \quad . \quad . \quad . \quad (25)$$

Ces équations permettent de calculer très simplement la force électromotrice en fonction de la concentration. Elles représentent un cas particulier de l'équation générale (20) et sont valables pour les acides dont la concentration est inférieure à celle de l'acide bi-normal. Leur emploi a cependant pour condition que l'abaissement de la tension de vapeur dû au sulfate dissout soit négligeable à côté de la variation de tension de vapeur due à l'acide.

Cette même équation ne serait pas valable pour de l'acide d'une concentration inférieure à 0,0005 normale.

On aboutit aux mêmes relations si l'on considère la force électromotrice en fonction de la concentration de l'acide, en se plaçant au point de vue de la théorie osmotique de Nernst. Comme les lois des pressions osmotiques ne sont valables que pour les solutions diluées, la théorie de Nernst ne conduit pas à l'équation (20) mais aux équations relatives aux solutions diluées (23) et (24) et ceci d'une façon particulièrement rapide et claire.

Nous établirons l'équation (23) pour éprouver la théorie des ions peroxyde de Liebenow. Mais remarquons expressément que la théorie de Le Blanc conduirait à la même formule.

Dans la théorie de Liebenow (page 38) la force électromotrice de l'accumulateur est donnée en fonction de la tension de dissolution de l'électrode peroxyde (C_o) et de celle de l'électrode plomb (C_p) et de la concentration des ions peroxyde et des ions plomb $\left[\overset{--}{PbO_2}\right]$ et $\left[\overset{++}{Pb}\right]$, par l'équation :

$$E = \frac{RT}{2} L \frac{C_p \cdot C_o}{\left[\overset{++}{Pb}\right]\left[\overset{--}{PbO_2}\right]} \; .$$

La concentration des ions peroxyde est donnée (page 35) en fonction de la concentration des ions hydrogène par l'équation :

$$\left[\overline{\overline{PbO^4}}\right] = \text{constante.} \ \frac{\left[\overset{++}{\overset{+}{Pb}}\right]\left[H^2O\right]^2}{\left[\overset{+}{H}\right]^4} \ {}^1).$$

Comme le sulfate de plomb est constamment présent dans l'accumulateur, le produit des ions Pb et SO^4 est constant,

$$\left[\overset{++}{\overset{+}{Pb}}\right].\left[\overline{\overline{SO^4}}\right] = \text{constante.}$$

Observons encore, à cause de la très faible solubilité de SO^{4}Pb, que $\left[\overline{\overline{SO^4}}\right] = \frac{\left[\overset{+}{H}\right]}{2} = c$ et désignons la masse active de l'eau $\left[H^2O\right]$ par c_0, nous aurons :

$$\left[\overset{++}{\overset{+}{Pb}}\right].\left[\overline{\overline{PbO^4}}\right] = \frac{c_0^2}{c^4} \ . \ \text{constante,}$$

$$E = \frac{RT}{2} L \frac{C_p C_0 c^4}{c_0^2} \ \text{constante.}$$

Pour la différence des forces électromotrices de deux accumulateurs dans lesquels les concentrations d'acide sont c_1 et c_2, nous obtiendrons :

$$E_2 - E_1 = \frac{RT}{2} L \frac{c_2^8 c_{01}^2}{c_1^8 c_{02}^2} \ . \quad . \quad . \quad . \quad (26)$$

et comme la masse active de l'eau c_0 est proportionnelle à la tension de vapeur p, nous pourrons substituer $\frac{p_1}{p_2}$ à $\frac{c_{01}}{c_{02}}$.

---

¹) La masse active de l'eau [H²O] pouvait être considérée comme constante dans les calculs de la page 35 ; dans les calculs plus précis les variations ne sont pas négligeables.

Dans les solutions diluées, l'abaissement de la tension de vapeur causé par la matière dissoute est petit auprès de la valeur absolue de p et

$$L\frac{p_1}{p_2} = \frac{p_2 - p_1}{p_2} = \frac{3(c_2 - c_1)}{N}.$$

En substituant dans l'équation précédente, elle devient identique aux équations (23) et (24).

Montrons encore que l'emploi direct de la loi d'action des masses dans l'équation des réactions de l'accumulateur conduit immédiatement aux mêmes relations. Pour l'acide très étendu nous pouvons admettre la dissociation complète de l'acide sulfurique et écrire notre équation de réaction de la façon suivante :

$$PbO^2 + Pb + 4\overset{+}{H} = 2\overset{++}{Pb} + 2H^2O.$$

Comme PbO^2 et Pb sont sous forme solide et que leurs masses actives sont constantes, la loi d'action des masses donne :

$$\frac{\left[\overset{+}{H}\right]^4}{\left[\overset{++}{Pb}\right]^2 \cdot \left[H^2O\right]^2} = \text{constante} = \text{constante. K,}$$

K étant la constante d'équilibre.

La relation de Van t'Hoff entre la force électromotrice et l'équilibre chimique

$$E = \frac{RT}{2}LK,$$

conduit alors à l'équation (26).

Pour éprouver l'équation (24) par l'expérience, j'ai placé deux petits accumulateurs contenant du peroxyde pur, dans un bain d'eau entouré de glace fondante. L'un des accumulateurs était rempli d'acide normal, tandis que l'autre était rempli d'acide dont la concentration variait de 0,04 normale à 0,0004 normale. La différence des forces électromotrices des deux éléments était mesurée par compensation [1]). Les résultats des mesures sont rassemblés dans le tableau suivant.

TABLEAU 7

Mol. gr. $SO^4 H^2$ par litre c	Force électromotrice (0° C) E_0	
	Mesurée	Calculée
1, 000	1, 917	(1, 917)
0, 360	1, 863	1, 863
0, 180	1, 828	1, 827
0, 111	1, 802	1, 801
0, 0505	1, 764	1, 760
0, 0124	1, 690	1, 687
0, 00046	1, 488	1, 516

La troisième colonne contient les valeurs de E calculées au moyen de la formule (24). Les différences entre les valeurs calculées et les valeurs mesurées sont extrêmement faibles et entièrement attribuables aux erreurs d'observation ; pour la dernière valeur la différence atteint 2 o/o parce qu'ici la dissociation de l'acide est plus complète et qu'il faut donner à v une valeur supérieure à 2.22.

La force électromotrice décroît comme la théorie l'indique, avec la dilution de l'acide.

Si nous abaissions la concentration de l'acide

---

[1]) La force électromotrice de l'élément étalon Weston était prise égale à 1.0220 volt à 15°C.

au-dessous de 0,0004 normale, la force électromotrice devrait d'après la formule, s'annuler puis changer de sens. Ce fait n'est cependant pas vérifiable pratiquement, car le sulfate de plomb dissout se scinde par hydrolyse en hydrate de plomb et acide sulfurique. Les équations (24) et (25) ne sont d'ailleurs valables que pour les concentrations supérieures à 0,0005 normale ; pour des acides plus dilués, l'hypothèse

$$[\overset{=}{SO^4}] = \frac{[\overset{+}{H}]}{2} = c$$

n'est plus légitime, car la solubilité du sulfate de plomb atteint 0,00013 mol. gr. par litre. Pour de telles concentrations nous aurions la formule :

$$E = \frac{RT}{2} L \frac{C_p\, C_o\, [\overset{+}{H}]^4}{[\overset{++}{Pb}]^2} \quad \ldots \ldots \quad (28)$$

qui se déduit directement de l'équation (11).

La différence des forces électromotrices de deux accumulateurs contenant deux acides différents est donnée par l'équation :

$$E_2 - E_1 = RT.L \frac{[\overset{++}{Pb}]_2}{[\overset{++}{Pb}]_1} + RT.L \frac{[\overset{+}{H}]_2^2}{[\overset{+}{H}]_1^2} \quad (29)$$

Comme application de cette relation, nous déterminerons la concentration de l'acide sulfurique dans une solution de sulfate de plomb pur, c'est-à-dire le degré de dissociation hydrolytique du sulfate de plomb dont la connaissance présente un intérêt considérable pour la question de la constitution des sels de plomb en solution et pour la théorie de l'accumulateur au plomb.

Pour cela il est seulement nécessaire de mesurer la

force électromotrice après remplissage avec une solution de sulfate pur. Une telle mesure fournit à o°C une valeur de 1,26 volt (E_1). La solubilité du sulfate de plomb à o°C d'après les mesures de conductibilité de F. Kohlrausch et Rose [1] qui concordent bien avec les mesures analytiques de Fresenius [2], est de 41 mg. $= 1,3.10^{-4}$ mol. gr. par litre. Par conséquent

$$\left[\overset{++}{Pb} \right]_1 = 1,3.10^{-4}$$

Nous trouvons dans le tableau 7

$$E_2 = 1,488,$$
$$\left[\overset{+}{H} \right]_2 = 2.0,00046$$

et
$$\left[\overset{+}{H} \right]_1 = 3.10^{-5}.$$

On déduit que l'hydrolyse du sulfate de plomb à o°C est de 8 à 10 o/o. Une mesure directe de la dissociation hydrolytique du sulfate de plomb n'a malheureusement pas encore été faite. Pour le chlorure de plomb, Ley [3] a trouvé pour une solution o,o1 normale, une valeur de o,6 o/o à 100° C.

Si dans un accumulateur nous diminuons la densité de l'acide encore au-dessous de celle qui correspond à cette dissociation hydrolytique du sulfate de plomb la formation du sulfate ne sera plus possible et elle sera remplacée par une réduction du peroxyde et une oxydation du plomb spongieux représentables par l'équation :

$$PbO^2 + Pb + 2\,H^2O = 2\,Pb\,(OH)^2.$$

[1] *Wied. Ann.* 50, 135. 1893.
[2] *Lieb. Ann.* 59, p. 125.
[3] *Zeitschr. physical. Chem.* 30, p. 193. 1899.

·L'énergie libre de cette réaction est donnée par la force électromotrice de l'accumulateur rempli avec de la soude saturée d'oxyde de plomb au lieu d'acide sulfurique. La mesure donne 0,8 volt.

La force électromotrice d'un accumulateur est ainsi composée : 40 o/o (0,8 volt) pour la réduction du peroxyde et l'oxydation du plomb ; 20 o/o (0,4 volt) pour le passage des oxydes en sulfate et 40 o/o (0,8 volt) pour la chaîne de concentration de l'acide sulfurique. Cette dernière portion de la force électromotrice (presque la moitié) est due à l'énorme variation d'énergie qui accompagne la dilution de l'acide sulfurique.

V

Variation du potentiel des électrodes avec la concentration de l'acide.

a. — *Considérations générales.* — Jusqu'ici nous avons étudié la force électromotrice en tant qu'elle dépend de la concentration de l'acide dans tout le liquide accessible. Il est encore intéressant de savoir comment se comporte le potentiel de chacune des électrodes.

Sur ce sujet nous avons une expérience de Streintz[1], dans laquelle il mesure la différence de potentiel des électrodes dans des acides de différentes teneurs, vis-

---

[1] *Wied. Ann.* 49, p. 564. 1893.

à-vis d'une électrode en zinc placée dans un cylindre en terre poreuse contenant une solution concentrée de sulfate de zinc. Il trouve avec cette électrode supplémentaire que le potentiel de l'électrode peroxyde monte avec la concentration de l'acide tandis que le potentiel de l'électrode plomb diminue. Si on désigne par P_s le potentiel de l'électrode peroxyde vis-à-vis du zinc, par p_s le potentiel de l'électrode plomb vis-à-vis du zinc, par s la densité de l'acide et par s_0 la densité de l'eau pure à la température de l'observation, les mesures de Streintz sont représentables par les formules empiriques :

$$P_s = 2,3275 + 0,5925\,(s - s_0),$$
$$p_s = 0,4775 - 0,3245\,(s - s_0).$$

Dans l'expérience de Streintz, il y a au contact de la solution de sulfate de zinc avec l'acide sulfurique des différences de potentiel qui ne sont pas calculables pour les solutions concentrées ; aussi ce genre de mesures ne se prête-t-il pas à une épreuve de la théorie. Il faut employer des électrodes qui soient réversibles par rapport à l'un des ions de l'acide et qu'on puisse plonger dans le liquide même de l'accumulateur. Telles sont l'électrode à hydrogène et l'électrode à sulfate de mercure.

Si l'on plonge dans le liquide de l'accumulateur une lame de platine hydrogénée, on réalise avec les électrodes de l'élément les deux combinaisons galvaniques réversibles :

$$PbO^2, SO^4Pb - SO^4H^2, H^2$$

et

$$Pb, SO^4Pb - SO^4H^2, H^2,$$

dans lesquelles la production du courant se fait suivant les réactions :

$$PbO^2 + H^2 + SO^4H^2 \gtrless SO^4Pb + 2H^2O$$

et

$$Pb + SO^4H^2 \gtrless H^2 + SO^4Pb.$$

Comme SO^4Pb est sous forme solide, l'acide est par conséquent saturé de sulfate de plomb.

Il y a 1 SO^4H^2 consommé dans les deux combinaisons ; dans l'élément PbO^2 il y a en outre 2 H^2O formés. Les forces électromotrices doivent varier, comme l'énergie de formation de l'eau varie dans des acides de concentrations différentes. Cette variation est évaluable par le travail de vaporisation de H^2O de l'acide dilué vers l'acide concentré.

Désignons la force électromotrice de l'élément $(H^2 - PbO^2)$ par e, celle de l'élément $(H^2 - Pb)$ par e', les tensions de vapeur d'eau des acides par p_1 et p_2, nous avons :

$$\Delta e - \Delta e' = RT.L\frac{p_2}{p_1} = 1{,}98.10^{-4}\,T\log\frac{p_2}{p_1} \dots \quad (30)$$

Si l'on calcule l'influence de la densité d'acide sur la force électromotrice des couples, en considérant le travail de vaporisation comme nous l'avons fait pour l'accumulateur (page 46), on obtient 2 équations semblables dont la soustraction fournit la relation (30). On obtiendra aussi pour les coefficients de dilution les expressions :

$$\frac{\partial e}{\partial n} = -\frac{RT}{2}(n+2)\frac{\partial Lp}{\partial n} \dots (PbO^2 - H^2) \dots \quad (31)$$

$$\frac{\partial e'}{\partial n} = -\frac{RT}{2}\,n\,\frac{\partial Lp}{\partial n} \dots (Pb - H^2) \dots \quad (32)$$

d'où

$$\frac{\partial e}{\partial n} = \frac{\partial e'}{\partial n}\cdot\frac{n+2}{n} \dots \dots \dots \quad (33)$$

Tant que n est grand par rapport à 2, les deux éléments varient également vite. Pour un mélange de

1 mol. gr. d'acide sulfurique avec 2 mol. gr. d'eau ($n = 2$) la force électromotrice de l'élément peroxyde varie 2 fois plus vite et pour un mélange de 1 mol. gr. SO^4H^2 avec 1 mol. gr. d'eau, 3 fois plus vite que celle de l'élément plomb.

Pour vérifier ces équations par l'expérience, j'ai mesuré le potentiel de chaque électrode dans différentes densités d'acide, par rapport à une électrode à hydrogène placée dans le même acide et constituée par une lame de platine platinée saturée préalablement d'hydrogène. Je décrirai les particularités de ces sortes de mesures au chapitre XV.

Les résultats sont rassemblés dans le tableau 8.

TABLEAU 8 [1])

	Densité d'acide 15° C	SO^4H^2 p. 100	Tension de vapeur p 0°C, mm Hg	Force électromotrice 0°C.			
				$PbO^2 - H^2$ e		$Pb - H^2$ e'	
				mesurée	calculée	mesurée	calculée
I	1,033	4,80	4,55	1,610	1,604	0,260	0,275
II	1,064	0,33	4,45	1,617	1,617	0,282	0,282
III	1,141	10,76	4,02	1,654	(1,654)	0,317	(0,317)
IV	1,192	20,36	3,68	1,682	1,678	0,330	0,343
V	1,428	52,03	1,24	1,801	1,701	0,420	0,436

Les valeurs de p sont empruntées aux mesures de Dieterici. Les valeurs calculées de e et e' ont été obtenues avec l'équation (30) en déduisant Δe des valeurs mesurées $\Delta e'$ et p et en déduisant $\Delta e'$ des valeurs mesu-

___

[1]) Les mesures ont été faites avec des plaques quelconques d'accumulateurs; avec des matières parfaitement pures, on aurait sans doute obtenu des valeurs un peu plus élevées.

rées Δe et p. Les différences ainsi obtenues étaient alors ajoutées à la valeur du n° III.

Comme les forces électromotrices se calculent au moyen de 2 différences, il y a des erreurs possibles de 0,006 volt.

Les différences entre les valeurs calculées et les valeurs mesurées n'excèdent pas sensiblement ce nombre.

Les relations deviennent beaucoup plus simples, si au lieu de l'électrode à hydrogène, on emploie l'électrode au sulfate de mercure constituée par du mercure recouvert de sulfate mercureux.

On réalise alors deux couples, dans lesquels les processus du courant sont exprimés par :

$$PbO^2 + 2\,Hg + 2\,SO^4H^2 \gtrless SO^4Pb + SO^4Hg^2 + 2\,H^2O,$$
$$Pb + SO^4Hg^2 \gtrless SO^4Pb + 2\,Hg.$$

La deuxième équation montre que dans l'élément (Pb — Hg), rien ne change dans le liquide pendant que le courant passe, puisque SO^4Hg^2 et SO^4Pb sont sous forme solide et maintiennent constante la saturation du liquide par ces sels. La force électromotrice de cet élément doit-être par conséquent absolument indépendante des états du liquide et de la teneur en acide. Au contraire dans l'élément (PbO² — Hg), il y a avec le passage du courant, comme dans l'accumulateur, 2 SO^4H^2 consommés et 2 H^2O formés. La dépendance de la force électromotrice de cet élément, de la densité de l'acide est par conséquent la même que dans l'accumulateur et s'exprimera par les mêmes formules.

Vis-à-vis d'une électrode à sulfate mercureux, les mesures relatives à l'électrode plomb seront indépendantes de la concentration, tandis que les mesures relatives à l'électrode peroxyde dépendront de la concentration.

Quelques mesures de ce genre montrent que les prévisions théoriques se vérifient très exactement :

	6,5	10,2	16,5	p. 100 SO⁴H²
Hg — Pb	0,96	0,96	0,956	
Hg — PbO²	0,93	0,95	0,99	Volt (0°C).

Les résultats de Streintz (page 58) se comprennent simplement. Cet expérimentateur employait une électrode auxiliaire en zinc, dans une solution saturée de sulfate de zinc. La force électromotrice du couple (Pb—Zn) devait être indépendante de la concentration, pour des raisons identiques à celles qui s'appliquent à l'électrode à sulfate mercureux. Mais la différence de potentiel de la chaîne liquide SO⁴H²Aq—SO⁴ZnAq, monte rapidement avec la densité de l'acide et provoque une chute de la force électromotrice de l'élément (Pb—Zn) quand la densité de l'acide augmente et une augmentation de celle du couple (PbO²—Zn).

Bien que les résultats précédents fournissent des conclusions utiles sur la façon d'être de chaque électrode d'accumulateur dans différentes densités d'acide, et nous en ferons plusieurs fois usage, ils ne donnent pas cependant une idée claire de la variation du potentiel des électrodes en fonction de la seule densité de l'acide, car le potentiel de l'électrode auxiliaire change lui-même et à cause de cela les différentes électrodes auxiliaires ne conduisent pas toutes à la même allure de variation. On acquiert une meilleure conception des variations spécifiques de chaque électrode en mesurant leur potentiel dans différents acides, vis-à-vis d'une électrode semblable placée dans un acide de concentration connue et constante, c'est-à-dire en réalisant les chaînes de concentration :

$$(Pb—SO^4Pb)\text{ acide concent.}— \text{acide dilué }(SO^4Pb—Pb)$$
et
$$(PbO^2—SO^4Pb)\text{ acide conc.}—\text{acide dil.}(SO^4Pb—PbO^2).$$

Gladstone et Hibbert avaient déjà étudié ces chaînes de concentration [1]); récemment Mugdan [2]) les a examinées au point de vue théorique. Ses recherches fort intéressantes ne sont relatives qu'aux solutions étendues, mais comme il est facile d'en déduire des relations générales valables pour l'acide concentré, tel que celui qu'on emploie dans la pratique des accumulateurs, nous les exposerons plus loin.

Dans les chaînes de concentration précédentes, il y a pendant le passage du courant : 1 SO^4Pb consommé, SO^4H^2 et Pb ou PbO^2 formés dans l'acide dilué ; et Pb ou PbO^2 et SO^4H^2 consommés et SO^4Pb formé dans l'acide concentré. En outre, dans la chaîne peroxyde, 2 H^2O sont formés dans la solution concentrée et disparaissent de la solution étendue.

La consommation des matières solides Pb ou PbO^2 et SO^4Pb dans ces chaînes est nulle en somme, et il ne reste comme processsus du courant que le transport de SO^4H^2 de la solution concentrée à la solution diluée. Il faut observer ici que l'égalisation des acides n'accompagne pas seulement la destruction ou la formation du sulfate, mais qu'elle est due en grande partie au transport électrolytique à l'endroit du contact des solutions différemment concentrées.

Soit la chaîne:

$$(Pb—SO^4Pb)\text{ acide concentré}—\text{acide étendu}$$
$$(SO^4Pb—Pb)$$

[1]) *Elektrotechn. Zeitschr.* 1892, p. 430.
[2]) *Zeitschr. f. Elektrochem.* 1899, p. 316.

Empruntons lui une quantité d'électricité de $2F$ ($F = 96540$ coulombs), le travail correspondant est :

$$A_1 = 2F\Delta\varepsilon_1 \text{ voltcoulomb,}$$

$\Delta\varepsilon_1$ représentant la force électromotrice. Avec le passage du courant 1 mol. SO^4 est mise en liberté dans l'acide dilué et disparaît de l'acide concentré en SO^4Pb. En outre 2μ atomes H émigrent de l'acide concentré vers l'acide dilué et $(1 - \mu)$ mol. SO^4 de l'acide dilué vers l'acide concentré, μ étant le nombre de transport de l'acide sulfurique de Hittorf. La quantité d'acide transporté par le courant de la solution concentrée à la solution diluée est en somme :

$$1\ SO^4 + 2\mu H - (1 - \mu)\ SO^4 = \mu SO^4H^2.$$

Nous avons vu (page 46) que le transport de 1 mol. SO^4H^2 est équivalent à un travail de vaporisation de

$$RT\left(n_2 \log p_2 - n_1 \log p_1 - \int_{n_1}^{n_2} \log p\, dn\right),$$

que nous représenterons pour abréger par $RT\, f(p)$. Le travail que notre chaîne de concentration effectue est alors $RT\mu\, f(p)$ et en se reportant à l'expression précédente du travail, on tire pour la force électromotrice :

$$\Delta\varepsilon_1 = 0,990 . 10^{-4}\, T\mu f(p)\ \text{volt.} \quad . \quad . \quad (34)$$

Pour éprouver cette équation, nous lui soumettrons les mesures de Gladstone et Hibbert. Comme leurs observations ont été faites à la température ambiante nous ne pourrons nous servir, pour établir $f(p)$, des nombres de tension de vapeur de Dieterici utilisés plus haut, mais nous avons les mesures de Regnault, qui pour le but que nous nous proposions précédemment n'étaient pas suffisamment précises.

D'après les considérations du chapitre précédent, les valeurs de $f(p)$ sont calculables au moyen de la variation de la force électromotrice de l'accumulateur en fonction de la concentration à une température déterminée. Avec l'équation (20) nous avons immédiatement :

$$\Delta \varepsilon_1 = \mu \left(\frac{\Delta E}{2} - 0{,}0287 \log \frac{p_2}{p_1} \right). \quad . \quad (35)$$

TABLEAU 9

Acide à la plaque Pb + ou à la plaque PbO2 — 0/0 SO4 H2	Acide à la plaque Pb — ou à la plaque PbO2 + 0/0 SO4 H2	p 18°C mm. Hg	μ valeur moyenne	$\Delta \varepsilon_1$		$\Delta \varepsilon_2$	
				mesurée	calculée	mesurée	calculée
0,2	0,65	15,3	0,800	0,036	0,023	0,054	0,034
0,2	1,35	15,3	0,800	0,047	0,041	0,072	0,061
0,2	2,85	15,3	0,810	0,060	0,060	0,095	0,090
0,2	5,5	15,1	0,813	0,066	0,068	0,107	0,111
0,2	10,5	14,9	0,821	0,082	0,082	0,134	0,128
0,2	14,5	14,5	0,823	0,094	0,091	0,150	0,142
0,2	18,0	14,0	0,823*	0,102	0,100	0,158	0,156
0,2	22,5	13,2	0,818	0,100	0,112	0,168	0,175
0,2	36,5	10,0	0,805	0,150	0,14	0,215	0,25
0,2	48,0	6,2	0,778	0,164	0,18	0,281	0,34
0,2	57,5	—	—	0,204	—	0,359	—
0,2	85,5	—	—	0,247	—	0,573	—
0,2	98,0	—	—	0,266	—	0,643	—

Les mesures de Regnault suffisent largement pour le calcul de $\log \frac{p_2}{p_1}$. Le tableau 9 contient les valeurs

de $\Delta\varepsilon_1$, calculées avec cette équation en regard des
valeurs mesurées. Les valeurs de E sont prises au
tableau 4, les valeurs de μ sont déduites des mesures
de Hittorf. La valeur moyenne de μ était calculée
pour deux concentrations; $\mu = 0,80$ pour de l'acide
à 0,2 o/o.

Les mesures de Gladstone et Hibbert ne sont accompagnées d'aucune mention de température et la force
électromotrice de l'accumulateur dans l'acide à 0,2 o/o
change très rapidement avec la température. La valeur adoptée ici était 1,690 volt.

Pour de plus hautes concentrations (plus de 30 o/o
SO^4H^2) le nombre de transport change si rapidement
avec la teneur en acide, qu'un calcul de la valeur
moyenne devient impraticable[1]).

Pour les trois premières concentrations la valeur de
ΔE a été calculée avec la formule (25), les mesures de
Gladstone et Hibbert ne donnant aucun nombre à ce
sujet.

Soit maintenant la chaîne relative au peroxyde :

$(PbO^2—SO^4Pb)$ acide conc.— acide dil. $(SO^4Pb—PbO^2)$.

Dans celle-ci comme dans la chaîne relative au
plomb, le passage du courant libère une mol. SO^4
dans l'acide dilué et forme 1 SO^4Pb dans la solution
concentrée ; en outre 2 atomes O sont tirés de la solution diluée pour former du peroxyde et dirigés dans
la solution concentrée. Contrairement à ce qui se
passait dans la chaîne Pb, 2 μ atomes H passent par
migration de la solution diluée à la solution concen-

---

[1]) L'intégration de l'équation obtenue pour le coefficient de
dilution donne l'équation nécessaire pour les concentrations
plus grandes :

$$\Delta\varepsilon_1 = -\frac{RT}{2}\int_{n_1}^{n_2} \mu n \,\frac{\partial Lp}{\partial n}\, dn.$$

trée et $(1 - \mu)$ mol. SO^4 passent en sens inverse parce que le courant dans cette chaîne va de la solution étendue à la solution concentrée. Au travail 2 F correspond un transport de :

$$1SO^4 - 2O - 2\mu H + (1 - \mu)SO^4 = (2 - \mu)SO^4 H^2 - 2H^2O.$$

Comme le transport de l'eau est équivalent à un travail de vaporisation de $RT.L \frac{p_2}{p_1}$ (p_2 tension de vapeur de l'acide dilué, p_1 tension de vapeur de l'acide concentré) on obtient pour la valeur de la force électromotrice de cette chaîne :

$$\Delta\epsilon_2 = 0,990.10^{-4}T\left((2 - \mu)\,f(p) + \log \frac{p_2}{p_1}\right). \quad (36)$$

et après la substitution de la valeur de $f(p)$ comme plus haut,

$$\Delta\epsilon_2 = (2 - \mu)\frac{\Delta E}{2} + 0,0287\,\mu \log \frac{p_2}{p_1}. \quad . \quad (37)$$

La comparaison de cette relation avec les nombres de Gladstone et Hibbert est donnée dans les deux dernières colonnes du tableau 9. La force électromotrice de l'accumulateur pour de l'acide à 0,2 o/o est dans cette série de mesures de 1,708 volt ; il semble donc qu'elle a été mesurée à une température un peu plus basse que la force électromotrice qui a servi pour $\Delta\epsilon_1$. La concordance entre les valeurs calculées et mesurées de $\Delta\epsilon_1$ et de $\Delta\epsilon_2$ est très satisfaisante, étant donnée l'incertitude des bases du calcul.

Les valeurs du coefficient de dilution du potentiel des électrodes ont un intérêt pratique. En suivant la même méthode qu'à la page (50) pour l'accumulateur complet, le coefficient de dilution de chaque électrode s'obtient en fonction des valeurs précédentes de $\Delta\epsilon$.

$$\frac{\partial\epsilon_1}{\partial n} = - \frac{RT}{2}\mu.n\frac{\partial Lp}{\partial n}. \quad . \quad . \quad . \quad (38)$$

$$\frac{\partial t_2}{\partial n} = - \frac{RT}{2}\left((2 - \mu)\, n + 2\right)\frac{\partial L p}{\partial n} \quad . \quad . \quad . \quad (39)$$

d'où par division :

$$\frac{\partial t_2}{\partial n} = \left(1,47 + \frac{2,47}{n}\right)\frac{\partial t_1}{\partial n}, \quad . \quad . \quad . \quad (40)$$

en donnant à μ la valeur moyenne $0,808$ des nombres de Hittorf pour les concentrations comprises entre $0,2$ et 30 o/o SO^4H^2.

D'après cette relation, le potentiel de l'électrode peroxyde pour un mélange d'acide de 5 mol. H^2O avec 1 mol. SO^4H^2 ($n = 5$), tombe 2 fois plus vite par la dilution que celui de l'électrode plomb. Le tableau 10 donne la comparaison de quelques valeurs de $\frac{\partial t_2}{\partial n}$ déduites des mesures précédentes avec les valeurs de ce coefficient calculées avec la formule (40).

TABLEAU 10

o/o SO^4H^2	n	$\dfrac{\partial t_1}{\partial n}$ observé	$\dfrac{\partial t_2}{\partial n}$ calculé	$\dfrac{\partial t_2}{\partial n}$ observé
10,5	46,4	0,00082	0,0012	0,0010
18,0	24,8	0,0011	0,0017	0,0016
36,5	0,47	0,0058	0,0100	0,0003

Les coefficients de dilution de chaque électrode peuvent ainsi se déduire l'un de l'autre avec une bonne approximation.

Pour des solutions très diluées, $\frac{2,47}{n}$ s'évanouit et le coefficient de dilution s'obtiendra en faisant $\mu = 0,80$ valeur moyenne pour les concentrations comprises entre 0 et 2 o/o SO^4H^2. On a pour les solutions étendues :

$$\frac{\partial \varepsilon_2}{\partial n} = 1{,}50 \; \frac{\partial \varepsilon_1}{\partial n}$$

et

$$\Delta \varepsilon_2 = 1{,}50 \; \Delta \varepsilon_1.$$

Effectivement la division des nombres $\Delta \varepsilon$ du tableau 9 donne 1,50 et 1,53 pour les solutions diluées. Cette concordance fait bien voir la précision des nombres de Hittorf.

b. — *Considérations relatives aux solutions diluées.* — En suivant la même méthode qu'à la page 50 pour déterminer la force électromotrice, les équations plus simples concernant les variations du potentiel des électrodes dans les solutions étendues, se déduisent donc des formules thermodynamiques. On est conduit aux mêmes relations d'une façon beaucoup plus simple en se servant de la théorie osmotique de Nernst des chaînes de concentration, comme l'a fait Mugdan [1]. Pour mieux faire ressortir l'analogie avec les calculs précédents nous mettrons, à la place des vitesses des ions u et v employés par Mugdan, le nombre de transport μ $\left(\text{c'est-à-dire } \dfrac{u}{u+v} \right)$.

Considérons la chaîne :

$$(Pb - SO_4Pb) \text{ acide conc.} - \text{acide dilué} (SO_4Pb - Pb).$$

Avec le courant $2F$ ($F = 96540$ coulombs) une quantité d'acide de μ mol. gr. $SO_4H_2 = 3\,\mu$ ions-gr. [2] va de la solution la plus concentrée (c_2) à la solution la moins concentrée (c_1). Comme la pression osmotique est proportionnelle à la concentration des ions, le tra-

---

[1] *Zeitschr. f. Elektrochem.* p. 316, 1899.

[2] L'acide sulfurique en solution diluée se dissocie en 2 ions $\overset{+}{H}$ et un ion $\overline{\overline{SO_4}}$.

vail osmotique effectué est $3\,\mu\,RT\,L\,\frac{c_2}{c_1}$ (voir page 28) et la force électromotrice est :

$$\Delta \varepsilon_1 = \frac{3}{2}\,\mu.\,RT\,L\,\frac{c_2}{c_1} = 3\,\mu.\,0{,}990\ 10^{-4}\,T\,\log\frac{c_2}{c_1}\,\text{volt}. \quad (41)$$

Considérons maintenant la chaîne :

$$(PbO^2 - SO^4Pb)\,\text{acide conc.} - \text{ac. étendu}\,(SO^4Pb - PbO^2).$$

Pour le même courant $2\,F$, une quantité d'acide de $(2 - \mu)$ mol. gr. $SO^4H^2 = 3\,(2 - \mu)$ ions gr. passe de la solution concentrée à la solution diluée, ce qui correspond à un travail osmotique de $3\,(2 - \mu)\,RT\,L\frac{c_2}{c_1}$. Il y a en outre 2 mol. H^2O transportées en sens inverse soit un travail correspondant de $2\,RT\,L\,\frac{p_2}{p_1}$. En solution diluée nous pouvons poser en première approximation à la place de $L\,\frac{p_2}{p_1}$:

$$\frac{3\,(c_2 - c_1)}{N}. \qquad N = 55{,}5 \text{ (voir page 50 et 54)}.$$

On obtient alors pour la force électromotrice :

$$\Delta \varepsilon_2 = 3.0{,}990.10^{-4}T\left((2-\mu)\log\frac{c_2}{c_1} + 0{,}016(c_2 - c_1)\right)\text{volt}.\,(42)$$

L'addition des équations (41) et 42) donnera la variation de la force électromotrice totale de l'accumulateur ainsi que l'équation (23).

Les équations (41) et (42) ont été soumises par Mugdan à une épreuve expérimentale. Les résultats de ses mesures faites à 17° C ($T = 290$) sont rassemblés dans le tableau 11. On a pris pour le calcul $\mu = 0{,}85$ valeur trouvée pour les concentrations de 2 à 5 o/o. A cause de la dissociation incomplète de l'acide sulfurique (voir page 51) il faut donner au facteur v la valeur

2,22 au lieu de 3. S'il y a une grande divergence entre le calcul et la mesure pour les deux dernières valeurs du tableau, c'est que les équations ne sont valables que pour les acides dilués et que les deux dernières solutions du tableau sont relativement concentrées.

Pour les solutions plus diluées que les deux dernières, la concordance entre les valeurs observées et calculées est très bonne.

TABLEAU 11

Teneur de la solution par litre	Force électromotrice en volt à la plaque négative		Force électromotrice en volt à la plaque positive	
	trouvée	calculée	trouvée	calculée
$\frac{3}{8}$ mol. gr. — $\frac{3}{32}$ mol. gr.	— 0,0308	— 0,0320	0,0444	0,0446
$\frac{3}{4}$ mol. gr. — $\frac{3}{32}$ mol. gr.	— 0,0462	— 0,0494	0,0604	0,0676
$\frac{3}{10}$ mol. gr. — $\frac{3}{32}$ mol. gr.	— 0,016	— 0,0165	0,023	0,0224
$\frac{3}{8}$ mol. gr. — $\frac{3}{10}$ mol. gr.	— 0,015	— 0,0165	0,0225	0,0225
$\frac{3}{4}$ mol. gr. — $\frac{3}{8}$ mol. gr.	— 0,017	— 0,0165	0,021	0,0227
$\left\{\frac{3}{2}\right.$ mol. gr. — $\frac{3}{4}$ mol. gr.	— 0,021	— 0,0165	0,020	$\left. 0,0231 \right\}$
3 mol. gr. — $\frac{3}{2}$ mol. gr.	— 0,0315	— 0,0165	0,052	0,0238

La façon de se comporter de chacune des électrodes dans toutes les concentrations, conformément aux prévisions théoriques est encore une preuve de la validité de notre équation fondamentale (1) pour la représentation exacte du processus chimique de l'accumulateur et de l'absolue réversibilité des deux électrodes.

Nous étudierons au chapitre IX une application pratique importante de nos relations théoriques.

VI

Le coefficient de température.

La variation de la force électromotrice de l'accumulateur au plomb, avec la température, a été pour la première fois étudiée par G. Meyer [1]) sur un élément Planté pour des concentrations de 12,3, 27,8 et 45 o/o SO^4H^2. De ses expériences il résultait que la force électromotrice était indépendante de la température.

Streintz [2]) fit plus tard une série d'expériences soigneusement conduites et montra que le coefficient de température était très petit, mais appréciable. Il se servait de petits éléments dont les électrodes avaient été découpées dans des plaques Tudor, chauffés dans un bain d'eau. De cinq en cinq degrés, Streintz mesurait la force électromotrice au galvanomètre et calculait le coefficient de température. Il le trouva constamment positif et pour les densités d'acide comprises entre 1,444 et 1,173, il le représenta par l'équation :

$$\frac{\partial E}{\partial T} = 357.10^{-6} - 0{,}64\,(E - 1{,}998)^2.$$

---

[1]) *Wied. Ann.* 33, p. 278. 1888.
[2]) *Wied. Ann.* 40, p. 440. 1892.

Pour une densité de 1,160 (22 o/o SO⁴H²) le coefficient de température atteint un maximum de $3,41.10^{-4}$.

Les résultats des mesures de Streintz sont donnés dans le tableau 12. La première colonne contient les forces électromotrices mesurées de 10 en 10 degrés, la deuxième les coefficients de température observés et la troisième les coefficients de température calculés avec la formule empirique.

TABLEAU 12

E observé	$10^6 \frac{\partial E}{\partial T}$ observé	$10^6 \frac{\partial E}{\partial T}$ calculé
1,0223	140	—
1,0828	228	213
1,0860	274	265
1,9920	333	335
2,0031	335	341
2,0072	312	305
2,0084	285	293
2,0090	270	280
2,0105	255	265
2,0770	130	—
2,2070	73	—

Il concluait qu'entre 10 et 70 degrés, le coefficient de température était indépendant de la température, c'est-à-dire que la force électromotrice était une fonction linéaire de la température.

Cherchons maintenant à nous rendre compte théoriquement de la variation du coefficient de température.

Nous avons vu au chapitre II que le deuxième principe de thermodynamique donne entre le coefficient de température, la force électromotrice et la chaleur de réaction, la relation :

$$E = \frac{U}{23073} + T \frac{\partial E}{\partial T} \cdot$$

Le coefficient de température s'en déduit immédiatement :

$$\frac{\partial E}{\partial T} = \frac{E}{T} - \frac{U}{23073\,T} \quad . \quad . \quad . \quad . \quad (43)$$

La chaleur de réaction U varie avec les différentes densités d'acide comme la chaleur de dilution de l'acide sulfurique. La quantité U se compose donc d'une partie constante et des valeurs variables de Q et Q' (voir page 44).

L'équation (43) peut être mise sous la forme :

$$\frac{\partial E}{\partial T} = \frac{E}{T} + \frac{Q - Q'}{23073\,T} - \text{constante} \quad . \quad . \quad . \quad (44)$$

Avec cette équation les valeurs relatives du coefficient de température peuvent être calculées pour différentes densités d'acide, mais avec peu d'exactitude car la moindre erreur dans la valeur de Q aura une grande influence sur le résultat. Aussi cette équation ne sera bonne que pour les acides concentrés.

Pour des concentrations très faibles, la chaleur de dilution de l'acide sulfurique devenant très petite, U prend une valeur indépendante de la concentration [1]). Pour les acides dilués, la force électromotrice en fonction de la concentration c (mol. gr. par litre) est donnée par l'équation (page 51).

$$E = 1,92 + 0,15 \log c.$$

En portant dans l'équation (43) on obtient pour le coefficient de température à 18°C (T = 291) :

---

[1]) Loi de la thermoneutralité des solutions diluées.

$$\frac{\partial E}{\partial T} = 0{,}52 \log c + \text{constante. (Millivolts).} \qquad (45)$$

Cette équation est valable pour les concentrations comprises entre $c = 0{,}1$ et $c = 0{,}0005$. Elle montre que pour les concentrations inférieures à celles de Streintz, le coefficient de température tombera vite à o et prendra pour de petites valeurs de c, une forte valeur négative.

Pour éprouver les prévisions de la théorie par l'expérience, j'ai continué les mesures de Streintz en étendant les mesures à toutes les concentrations possibles. Dans ce but, un petit élément contenant des matières chimiquement pures, était rempli d'acide à différentes concentrations et la force électromotrice était observée à o et à 24°C, après que l'élément était resté 6 heures à la température de l'expérience et quand le voltage était invariable. Après chaque mesure l'acide de l'accumulateur était titré, afin de tenir compte de la perte d'acide due à une décharge spontanée possible et dans ce cas, la mesure à o°C était corrigée avec le coefficient d'acide exactement connu pour cette température.

Les résultats sont représentés par la figure 4. L'équation (45) exprime qu'au-dessous de la concentration $c = 2$, le coefficient de température tombe rapidement. Pour une concentration d'acide de o,70 mol. gr. SO⁴H² par litre, la force électromotrice est indépendante de la température ,et pour des acides très étendus, elle décroît rapidement quand la température s'élève.

Le coefficient de température a donc selon la densité de l'acide des valeurs tantôt positives, tantôt négatives.

Le maximum remarqué par Streintz est mis clairement en évidence par les mesures précédentes. Les valeurs absolues du coefficient de température sont ici plus élevées que celles que Streintz a trouvées (ta-

bleau 12) ; ceci s'explique facilement, car Streintz
faisait ses mesures aussitôt après l'échauffement, tandis que les valeurs précédentes n'étaient relevées
qu'après que l'élément était resté longtemps à la température de l'expérience.

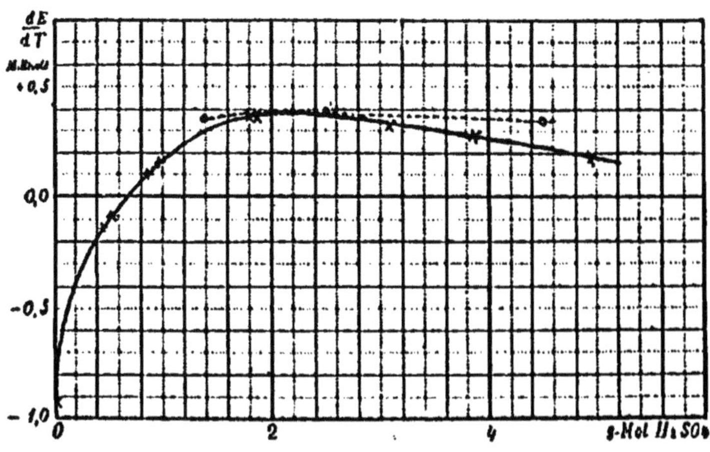

Figure 4

En calculant la variation du coefficient de température avec l'équation (44) c'est-à-dire en se servant des
chaleurs de dilution de l'acide sulfurique, on obtient
la courbe ponctuée de la figure 4. Le maximum du
coefficient de température est encore nettement accusé.

Pour les concentrations croissantes les valeurs calculées tombent cependant plus lentement que les valeurs mesurées ; ceci est dû sans doute à une attaque
plus importante du plomb spongieux quand la température s'élève, ce qui donne des valeurs trop petites de
la force électromotrice aux températures les plus
élevées.

Les nombres représentés sur la figure 4 permettent
quelques conclusions sur les phénomènes thermiques
de l'accumulateur.

Tandis qu'un accumulateur rempli avec de l'acide

de densité usuelle (1,15) s'échauffera pendant la charge et se refroidira pendant la décharge puisque le coefficient de température est positif, comme les mesures calorimétriques de Streintz (Chapitre II) l'ont montré, un accumulateur rempli avec de l'acide de densité inférieure à 1,044 travaillera en charge avec absorption de chaleur et en décharge avec dégagement de chaleur. Et pour une concentration d'acide de 0,70 mol. gr. SO^4H^2 par litre, il n'y aura ni chaleur cédée, ni chaleur empruntée au milieu ambiant.

Si l'on mesure le dégagement de chaleur d'un accumulateur en charge ou en décharge, on peut calculer le coefficient de température avec les chaleurs secondaires. Malheureusement on n'a pas encore fait de mesures de ce genre avec les acides étendus. Pour les solutions concentrées nous possédons les chiffres de Streintz (Chapitre II). En calculant le coefficient de température avec les chaleurs secondaires on obtient les valeurs contenues dans le tableau 13.

TABLEAU 13

Densité d'acide	Chaleur secondaire Watt-seconde	$\frac{\partial E}{\partial T}$ (Millivolt)		
		Calculé	Mesuré	
			Streintz	Dolezalek
1,155	0,094	0,35	0,33	0,36
1,153	0,089	0,32	0,32	0,37
1,237	0,046	0,17	0,15	0,25

Malgré les nombreuses erreurs inhérentes à ces sortes de mesures, les déterminations précédentes sont bien confirmées.

Streintz avait trouvé que la force électromotrice est

une fonction linéaire de la température pour les fortes·
concentrations. Il en est encore ainsi, comme le montre
la figure 5, pour des acides très étendus ; la force électromotrice est représentée en fonction de la température, pour de l'acide sulfurique à 0,0005 mol. gr. par
litre.

On voit immédiatement sur cette figure qu'en employant de l'acide très dilué, on peut réaliser avec
l'accumulateur un élément thermo-électrique. Il suffit.

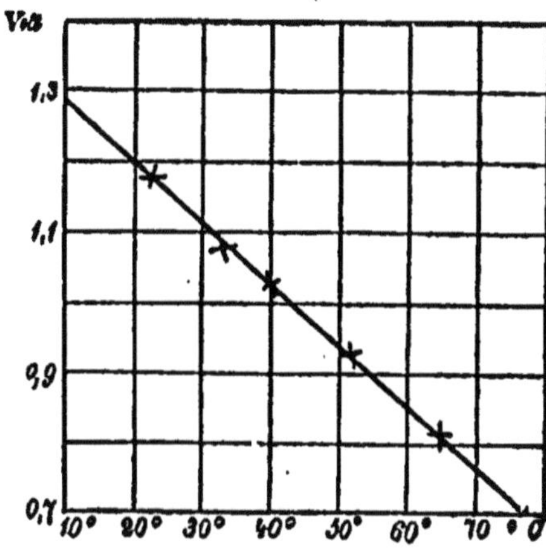

Figure 5

pour cela de grouper en opposition 2 batteries rem-
plies avec de l'acide faible et de maintenir l'une à
10° C par exemple, pendant que l'autre est à 70° C environ. On a ainsi une force électromotrice de 0,6 volt
par élément.

La batterie froide décharge tandis que l'autre charge.
Il suffira de réchauffer la première et de refroidir
l'autre, en ne dépensant que de la chaleur pour avoir
de nouveau du courant. Evidemment un accumulateur rempli avec de l'acide aussi faible n'est pas un
appareil pratique.

Il est pourtant bien possible de mettre à profit le·

haut coefficient de température avec un électrolyte
approprié. L'élément plomb-peroxyde ne serait pas
seulement un excellent accumulateur, ce serait encore
un générateur de courant particulier capable de remplacer la machine à vapeur.

VII

Influence de la pression.

L'influence de la pression extérieure sur la force
électromotrice de l'accumulateur est très faible et n'a
aucune importance pratique. On a essayé cependant
avec une forte pression, d'élever la force électromotrice et la capacité. Nous montrerons par le calcul que
cette tentative doit rester infructueuse.

Pour évaluer la variation de la force électromotrice,
causée par une élévation de la pression appliquée sur
un élément, nous supposerons que deux accumulateurs sont reliés en opposition (par leurs pôles de
même nom). Si pour ces deux éléments la densité de
l'acide et la température sont absolument identiques
et si sur l'accumulateur I la pression est p_1 et sur l'accumulateur II la pression est p_2 et si la force électromotrice de l'accumulateur II (E_2) est plus élevée que
celle de l'accumulateur I (E_1), nous pourrons emprunter de l'énergie à ce système, le courant provenant de la différence des forces électromotrices
($E_2 — E_1$). Au passage d'une quantité d'électricité de
96540 coulombs qui met en jeu 1/2 mol. gr. Pb et 1/2

mol. gr. PbO^2, correspondra un travail utilisable de :

$$A_1 = 96540 \ (E_2 - E_1) \ \text{voltcoulombs.}$$

L'accumulateur II décharge et le courant de décharge charge l'accumulateur I. Dans les deux accumulateurs, il y a même quantité de substances qui entrent en jeu. Nous pouvons sans dépense aucune de travail revenir à l'état initial des éléments en ramenant dans l'accumulateur II, les produits formés dans l'accumulateur I (1/2 mol. gr. Pb, 1/2 mol. gr. PbO^2 et 1 mol. gr. SO^4H^2) et en ramenant dans l'accumulateur I les produits formés dans II (1 mol. gr. SO^4Pb et 1 mol. gr. H^2O), car les matières doivent être au même état de concentration dans les deux éléments.

Le travail des réactions chimiques produisant le courant est donc nul et il ne reste comme équivalent de l'énergie électrique libérée, que le travail de la pression appliquée sur l'élément.

Soit Δv la variation de volume qui accompagne la modification de 1/2 mol. gr. de matière active dans l'accumulateur. Dans l'accumulateur II apparaîtra un travail $p_2 \, \Delta v$ et par contre un travail $p_1 \, \Delta v$ sera dépensé dans l'accumulateur I.

Evaluons v en litres, p en atmosphères, le travail emprunté à la pression extérieure pour la production du courant sera :

$$A_2 = (p_2 - p_1) \ \Delta v \ \text{litreatmosphères.}$$

Comme un litreatmosphère équivaut à 101,3 voltcoulombs.

$$A_2 = 101,3 \ (p_2 - p_1) \ \Delta v \ \text{voltcoulombs.}$$

En identifiant les expressions de l'énergie électrique et de l'énergie mécanique :

$$E_2 - E_1 = 1,04. \ 10^{-3}(p_2 - p_1) \, \Delta v \ \text{volt.} \qquad (46)$$

Il faut encore calculer la variation de volume Δv. Nous avons rassemblé dans le tableau 14, les densités et les volumes des produits qui nous intéressent. On obtient avec ces nombres 58,37 cm^3 pour le volume de la matière active avant la réaction et 66,7 cm^3 après la réaction. La variation de volume est donc :

$$\Delta v = -\ 8,3.10^{-3}\ \text{litre.}$$

Il y a accroissement du volume de la matière active pendant la décharge et diminution du volume pendant la charge. La valeur de la contraction est 0,3 cm^3 par ampère-heure.

TABLEAU 14

	Densité	Volumes	
		de	cm³
Pb	11,38	1/2 mol. gr.	9,10
PbO²	8,91	»	13,41
SO⁴Pb	6,23	1 mol. gr.	48,7
SO⁴H²	2,73 [1])	»	35,86
H²O	1,00	»	18

Les poids spécifiques mentionnés dans ce tableau peuvent varier beaucoup, aussi le calcul de Δv est-il erronné. J'ai mesuré directement la variation de volume accompagnant le passage du courant, en plaçant un petit accumulateur (figure 6) dans une enveloppe en verre fermée, terminée par un tube capillaire

---

[1]) Cette valeur de la densité apparente de l'acide sulfurique en solution à 20 o/o est plus élevée que la densité normale par suite de la forte contraction du mélange d'acide sulfurique et d'eau.

calibré R avec lequel on pouvait suivre la variation du volume du liquide, tandis que l'accumulateur débitait 1 ampère-heure. Pendant l'expérience l'appareil était plongé dans un grand bain d'eau à température constante. J'ai obtenu ainsi une augmentation de volume de 0,42 cm³ par ampère-heure de décharge. La valeur exacte de Δv pour 96540 coulombs serait alors :

$$\Delta v = - 11.10^{-3} \text{ litre.}$$

En portant cette valeur dans l'équation précédente, il vient :

$$E_2 - E_1 = - 11,4.10^{-6}(p_2 - p_1) \text{ volt} \quad . \quad . \quad (47)$$

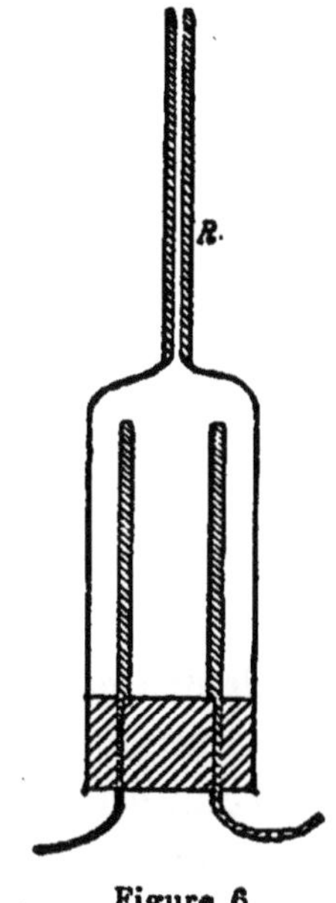

Figure 6

Une élévation de la pression extérieure ne produit par conséquent pas d'accroissement de la force électromotrice, mais une diminution qui est ici de 0,0011. volt pour 100 atmosphères d'augmentation de pression..

La variation de la force électromotrice avec la pression a été mesurée par Gilbault[1]) pour différents éléments galvaniques. Ses mesures s'accordent bien avec nos calculs; il obtient en effet avec de l'acide à 8,8 o/o, une diminution de la force électromotrice de 0,0012 volt pour 100 atmosphères d'élévation de pression.

Si la pression fait baisser la force électromotrice, elle agit favorablement au contraire sur la capacité, parce que l'apparition du dégagement gazeux en charge est un peu retardée et que l'élément reçoit une plus grande quantité d'électricité. Pourtant dans un accumulateur bouillonnant, les gaz sont produits sous une très haute pression ; l'augmentation de capacité est excessivement petite et sans importance pratique.

VIII

Allure de la charge et de la décharge.

Dans les chapitres précédents nous avons étudié les variations de la force électromotrice causées par différentes influences extérieures. Toutes nos considérations se rapportent à l'accumulateur à circuit ouvert ; il nous reste à examiner les variations que subissent les grandeurs électriques, quand l'accumulateur est traversé par le courant.

Pour connaître le travail qu'un accumulateur peut produire dans un circuit extérieur, il faut connaître non seulement la capacité mais aussi la tension aux

---

[1]) *Comptes-rendus*, 113, p. 405. 1891.

pôles de l'élément qu'on appelle *différence de potentiel aux bornes*.

La loi de Ohm donne pour la charge :

$$e = E + IR, \quad\ldots\ldots\quad (48)$$

et pour la décharge

$$e' = E - IR, \quad\ldots\ldots\quad (49)$$

E étant la force électromotrice de l'élément, R sa résistance intérieure et I le régime du courant. Si l'on tient le régime du courant constant et si on mesure à des intervalles de temps rapprochés, la différence de potentiel aux bornes de l'élément, on obtient les courbes de la figure 7. La différence de potentiel monte rapidement pendant les premières minutes de la charge de la valeur de la force électromotrice (2,0 volts) à 2,1 volts environ, augmente lentement ensuite pendant la plus grande partie de la charge, puis rapidement à la fin vers 2,5—2,7 volts. Au moment de l'accroissement rapide du voltage, l'élément commence à laisser dégager des gaz et la différence de potentiel aux bornes n'éprouve plus que des changements peu importants. Si l'on coupe alors le courant et si l'on abandonne l'accumulateur chargé au repos, le voltage décroît d'abord rapidement, puis plus lentement pour atteindre en quelques heures la valeur de la force électromotrice correspondant à la densité de l'acide présent. Si maintenant on décharge l'élément, on observe une chute de voltage très rapide jusque vers 1,9 volt environ ; à partir de ce point le voltage décroît peu à peu jusqu'à 1,85 volt environ, puis baisse enfin rapidement jusqu'à une valeur nulle.

Les valeurs portées sur la figure 7, se rapportent à un acide sulfurique à 20 p. 100 environ et à une densité de courant normale de 0,005 ampère par centimètre carré de surface d'électrode. Pour des densités de courant plus élevées, les distances entre la courbe de charge et la courbe de décharge sont plus grandes et les parties droites de ces courbes s'inclinent davantage sur l'axe des abscisses. Pour les éléments dans lesquels la couche active est mince (Eléments Planté), les courbures des courbes sont très accentuées et pour les éléments à matière active épaisse les courbures s'arrondissent au contraire. L'allure générale des courbes reste cependant la même.

La figure 7 montre que la différence de potentiel aux bornes est pendant la charge de plusieurs dizièmes de volt plus élevée que la différence de potentiel de décharge, c'est-à-dire que l'emmagasinement dans l'accumulateur entraîne une perte d'énergie de 20 à 30 p. 100. Cette différence entre les valeurs de e est imputable à la chute de potentiel IR dans l'élément. Et cependant la résistance intérieure dans les plus petits éléments d'accumulateur, ne dépasse pas quelques centièmes d'Ohm à circuit ouvert; il faut donc, pour comprendre cette grande chute de potentiel, que la résistance intérieure, par le fait du passage du courant, se soit accrue de 20 à 40 fois sa valeur normale. On peut observer commodément les variations de résistance avec un téléphone et du courant alternatif. Les mesures de Häberlein [1]) qui a le premier étudié les variations de la résistance intérieure montrent pourtant que de tels accroissements ne se produisent pas. La différence entre les voltages de charge et de décharge serait due seulement à une variation de la force électromotrice (E), c'est-à dire à une polarisation des électrodes. On a exprimé différentes opinions sur la cause de la polarisation; Häberlein admet une polarisation gazeuse ; d'autres expérimentateurs (Glad-

---

[1]) *Wied. Ann.* 31, p. 393. 1887.

stone, Hibbert, Schoop) supposent que la quantité de matière active ou d'acide devient insuffisante ; les nouvelles théories (de Darrieus, Elbs) cherchent à

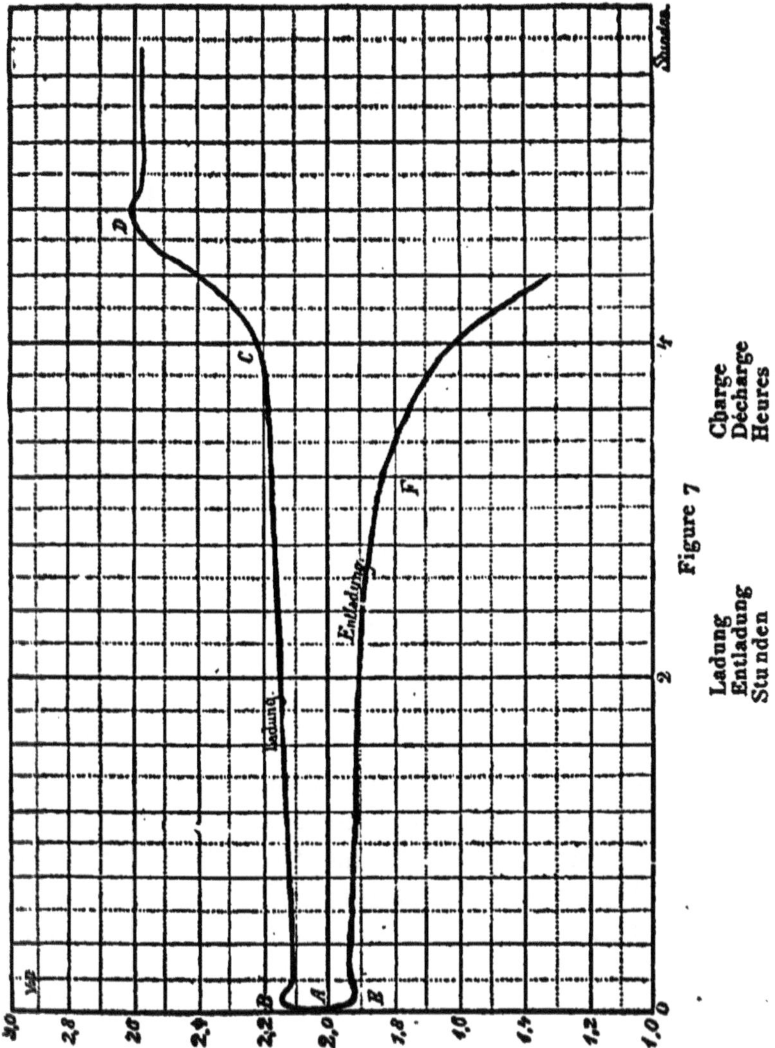

Figure 7

expliquer le fait, en admettant que différentes réactions chimiques se produisent pendant la charge et la décharge, accompagnées de variations d'énergie. L'hypothèse d'une polarisation gazeuse semble inadmissible, car sous une tension de 2 volts, aucun gaz ne peut se former dans l'accumulateur ; l'insuffisance de la matière active n'est pas non plus à invoquer car la chute de voltage se produit au commencement de la décharge alors que la matière active est en grand excès. L'hypothèse d'une réaction de charge accompagnée d'une grande perte d'énergie sera réfutée dans le chapitre suivant. Il reste par conséquent, comme cause de la différence entre les voltages de charge et de décharge, seulement la présence de différences de concentration de l'acide et aussi des sels dissous. Grâce à cette dernière hypothèse, l'allure générale de la charge et de la décharge est parfaitement explicable comme nous le verrons dans la suite.

On comprend facilement que d'importants changements de concentration surviennent aux électrodes, parce que la partie active aux deux pôles est une matière poreuse et spongieuse et parce que l'acide sulfurique libéré par la charge selon l'équation (1) ne peut la traverser que lentement, de sorte que la concentration de l'acide s'élève à l'intérieur de la matière active. On sait du reste que des stries formées par l'acide concentré sont visibles autour des plaques pendant la charge d'un accumulateur. Au contraire pendant la décharge, la concentration de l'acide diminue dans la matière active. Les mesures et les calculs du chapitre IV, nous ont montré que la force électromotrice monte fortement avec la concentration de l'acide et il devient compréhensible que le voltage de charge se tienne de quelques dizièmes de volt plus haut que le voltage de décharge. Pour rendre compte de la différence des voltages de charge et de décharge, il est d'ailleurs inutile d'admettre des variations de concentrations très importantes.

Pour la densité de courant habituelle, la force électro-motrice moyenne en charge est de 0,08 volt environ plus élevée et de 0,08 volt environ plus basse en décharge que la force électromotrice correspondant à la densité de l'acide employé ; d'après le tableau 5 la concentration de l'acide serait dans la matière active à peu près de 10 p. 100 SO^4H^2 plus élevée en charge et de 10 p. 100 SO^4H^2 plus basse en décharge, que la concentration de l'acide employé.

La concentration de l'acide à l'intérieur de la matière active augmente ainsi dans le cours d'une charge normale de 20 à 30 p. 100 et diminue en décharge de 10 p. 100 au moins. Pour de plus fortes densités de courant, l'acide des électrodes s'appauvrirait ou s'enrichirait, proportionnellement à l'abaissement ou à l'accroissement des voltages de décharge et de charge.

On peut prouver, par la mesure de la différence de potentiel dans différentes densités d'acide, que la polarisation dans un accumulateur qui travaille, est due surtout aux changements de concentration de l'acide, plutôt qu'à l'insuffisance ou à l'abondance des ions présents $\left(\overline{\overline{PbO^2}}, \overset{++}{Pb}\right)$. Si l'acide sulfurique est étendu, la diminution de concentration qui survient dans la matière active doit produire une polarisation plus importante de l'accumulateur. Un petit élément étant déchargé à la densité de courant relativement élevée de 0,01 ampère par centimètre carré, a par exemple une force électromotrice de 2,02 volts, à circuit ouvert pour une densité d'acide de 1,18 (25 p. 100 SO^4H^2) et un voltage moyen de décharge de 1,80 volt ; la polarisation peut être ainsi évaluée à 0, 22 volt. Pour une densité d'acide de 1,06 (5 p. 100 SO^4H^2), la force électromotrice à circuit ouvert étant 1,94 volt, le voltage moyen de décharge est 1,66 volt et la polarisation est alors de 0,28 volt.

On peut démontrer très clairement que de forts changements de concentration surviennent aux électrodes par une simple expérience. On plonge deux électrodes découpées dans des plaques d'accumulateurs, dans une auge en verre aux dimensions de $2 \times 4 \times 6,5$ centimètres [1]. Si l'on fait une image agrandie de ce petit élément avec un appareil à projection, on aperçoit pendant la charge à 0,3 ampère, de fortes stries d'acide concentré coulant autour et au-dessous des électrodes. Pendant la décharge au contraire, des couches d'acide dilué s'élèvent vers les électrodes. On reconnaît en même temps le fait que nous expliquerons ci-après, que les variations de concentration à la positive sont plus grandes qu'à la négative.

Examinons maintenant plus attentivement l'allure spéciale de chaque courbe de différence de potentiel et tout d'abord la courbe de charge (fig. 7).

a.—*Courbe de charge.*—Dès que le circuit de charge d'un accumulateur est fermé, de l'acide sulfurique se libère aux dépens du sulfate de plomb des deux électrodes et la force électromotrice monte rapidement (portion de courbe AB), jusqu'à ce que la différence de concentration entre l'acide des plaques et l'acide extérieur soit assez grande pour que l'égalisation des concentrations aille de pair avec la formation d'acide sulfurique.

Quelque temps après cette première élévation du voltage, la différence de potentiel tombe quelque peu. Cette particularité trouve une explication vraisemblable si l'on considère que la couche mince de sulfate, qui se forme pendant le repos sur les électrodes, est détruite sous l'action du courant de charge, qu'un

---

[1] *Leybold's Nachf. Köln.*

amoindrissement de la résistance intérieure se produit aussitôt et qu'il en résulte d'après l'équation (48) un abaissement de e. S'il s'agit de plaques très sulfatées, la première valeur maxima peut augmenter de plusieurs dixièmes de volt.

L'ascension lente de la courbe en ligne droite pendant la plus grande partie de la charge (portion de courbe AC) est imputable d'une part à l'accroissement de densité de la totalité de l'acide et d'autre part à la pénétration de plus en plus profonde des lignes du courant dans la matière active et par conséquent à une difficulté de plus en plus grande du mélange des acides.

A la fin de la charge le voltage monte tout à coup très vite vers 2,5 — 2,7 volts (portion de courbe CD) et en même temps un fort dégagement gazeux apparaît sur les électrodes. Cette forte surélévation de voltage, de o,5 volt, n'est pas due à la concentration de l'acide, car à ce moment de la charge presque tout le sulfate a été transformé sous l'action du courant et la décomposition de l'eau remplace la formation d'acide sulfurique.

La surélévation du voltage serait due plutôt aux phénomènes suivants [1]). Dans le cours de la charge, du sulfate de plomb solide existe sur les électrodes et l'acide s'en trouve saturé. A la fin de la charge, presque tout le sulfate solide existant a été transformé par le courant et celui qui reste en solution est électrolysé rapidement, de sorte que la concentration des ions plomb diminue et d'après l'équation (13) (page 39) la force électromotrice doit monter fortement ; immédiatement après, la solution de plomb devient si étendue que le travail de production de plomb (ε_p) devient

---

[1]) Nernst et Dolezalek. *Zeitsch. f. Electroch.* 1900.

égal à celui qui est nécessaire pour former de l'hydrogène sur une surface de plomb. A ce moment ce n'est plus le plomb qui se sépare, mais l'hydrogène. Des considérations analogues s'appliqueraient à l'électrode positive.

Les mesures de Streintz [1]) montrent qu'en fait un amoindrissement de la concentration du sulfate de plomb est capable de produire une élévation de la force électromotrice de plusieurs dixièmes de volt. La différence de potentiel que présente une plaque de plomb oxydée (et recouverte de sulfate par conséquent), vis-à-vis du zinc est de 0,75 à 0,77 volt ; une plaque de plomb décapée, dans les mêmes conditions, ne présente que 0,45 volt. La différence de potentiel, vis-à-vis de PbO^2 sera donc de 0,3 volt environ plus haute pour une plaque de plomb exempte de sulfate que pour une plaque sulfatée.

Si l'accumulateur surchargé est abandonné au repos à circuit ouvert, le sulfate de plomb qui existe encore dans l'intérieur des plaques se dissout et se diffuse et la force électromotrice redescend vite à sa valeur normale. Si l'on a détruit par une longue surcharge tout le sulfate des électrodes, à l'ouverture du courant du sulfate se forme par une décharge spontanée ; ce fait se traduit d'ailleurs par un fort dégagement d'hydrogène de courte durée quand on coupe le courant. D'après cela, on peut tenir pour certain que le voltage élevé de la fin de la charge a pour cause la présence d'une chaîne de concentration de sulfate de plomb.

Quelque temps après que la valeur maxima 2,5 à 2,7 volts (selon la densité du courant) a été atteinte, le voltage tombe de quelques centièmes de volt (D figure 7), ceci parce que le dégagement gazeux

---

[1]) *Wied. Ann.* 41, p. 97, 1890.

provoque le mélange de l'acide concentré encore présent dans les électrodes, avec le liquide extérieur. On peut observer ce mélange des acides sous l'action des gaz dans l'expérience décrite plus haut.

b. — *Courbe de décharge* (figure 7). — D'après notre équation de réaction (1) l'acide est employé pendant la décharge à former du sulfate de plomb, de sorte que la concentration de l'acide doit s'amoindrir dans le voisinage des électrodes et que la différence de potentiel doit par conséquent baisser (portion de courbe AE). Puis un minimum de voltage se produit (pas toujours cependant), qui est peut-être dû à la formation d'une solution de sulfate de plomb sursaturée ; comme la solubilité du sulfate de plomb décroît dans l'acide à 20 p. 100 avec la dilution, il est possible qu'au commencement de la décharge il y ait quelques instants de sursaturation, quand il y a peu de sulfate solide ; une augmentation de concentration du sulfate de plomb est liée à un abaissement de la force électromotrice (formule 13, page 39). La chute lente de la différence de potentiel (portion de courbe EF) est due à la diminution de la densité de l'acide dans tout l'accumulateur et à la difficulté croissante du transport d'acide selon les lignes plus profondes de pénétration du courant. Enfin quand la pénétration de l'acide ne peut plus suivre l'électrolyse, la différence de potentiel décroît très rapidement. La chute très rapide du voltage a lieu d'autant plus tôt que la consommation d'acide a été plus grande, c'est-à-dire que le courant de décharge de l'accumulateur a été plus intense.

La chute du voltage ne saurait être imputable à l'insuffisance de matière active, car on peut encore demander de l'énergie à l'accumulateur en le déchargeant à un régime plus faible.

L'évolution chimique de la matière active pendant la charge et la décharge a été suivie analytiquement par Ayrton, Lamb et Smith. Les résultats de leurs expériences sont représentés par la figure 1 (page 5). Ils signifient que pendant la charge tout le sulfate est oxydé en peroxyde à la positive et réduit en plomb spongieux à la négative et que pendant la décharge, même dans les couches extérieures et au régime faible d'une décharge de 15 heures, 60 p. 100 seulement de la matière active participent à la production du courant; pour des courants très faibles la matière active des électrodes se transformerait entièrement en sulfate.

Gladstone et Tribe ont observé un fait très intéressant pendant la décharge d'un élément Planté à fort régime : la plaque négative, dans une décharge très rapide, apparaît recouverte d'une pellicule brune et l'analyse découvre que le plomb s'est transformé non seulement en sulfate mais aussi partiellement en peroxyde.

Gladstone et Tribe n'ont pas donné l'explication de ce fait qui est pourtant bien surprenant, car l'énergie libérée par la transformation du peroxyde en sulfate à la plaque positive ne peut suffire étant donnée la chute de potentiel, pour faire la transformation inverse à l'autre électrode.

Cette observation de Gladstone et Tribe s'éclaircit simplement en considérant les variations de concentration qui surviennent aux électrodes.

Dans un élément Planté, la capacité de la plaque peroxydée est toujours de beaucoup supérieure à celle de l'électrode en plomb spongieux, de sorte que la diminution de concentration de l'acide pendant la décharge peut devenir sur la plaque négative beaucoup plus importante que sur la plaque positive.

A la fin de la charge apparaît alors une chaîne de

concentration de peroxyde (étudiée page 67), dans laquelle avec une force électromotrice de plusieurs dixièmes de volt (tableau 9), le peroxyde est transformé en sulfate dans la solution concentrée et le sulfate en peroxyde dans la solution étendue.

Pendant la décharge rapide d'un élément Planté dans lequel l'électrode positive aurait une capacité moindre que celle de l'électrode négative, on observerait vraisemblablement pour des raisons analogues, une réduction partielle du peroxyde en plomb spongieux.

<hr>

IX

La Réversibilité.

Les relations entre la charge et la décharge examinées dans le chapitre précédent montrent clairement que la perte d'énergie inhérente au travail d'un accumulateur, qu'on peut apprécier par la différence des voltages de charge et de décharge, est conditionnée par la production de variations de concentration de l'électrolyte dans la matière active.

Il nous faut démontrer, que là est la seule cause de la perte d'énergie et qu'elle n'est pas due en partie à une réaction parasite se produisant pendant la charge, comme on l'a prétendu plusieurs fois dans les nouvelles théories. On peut facilement trancher cette question en passant rapidement de la charge à la décharge et en considérant la courbe du voltage. Dans la seconde hypothèse, le voltage devrait changer soudainement avec le sens du courant ; dans la première au contraire un certain temps et une certaine quantité d'électricité seront nécessaires pour faire changer le voltage, car les différences de concentration disparaîtront d'abord et se reproduiront ensuite en sens contraire. La courbe de la figure 8 déterminée sur un petit accumulateur, fait voir la continuité des différences de potentiel de charge et de décharge. Les charges et les décharges étaient faites à un régime constant et normal, l'accumulateur étant à moitié déchargé. Le temps est porté en abscisses et la différence de potentiel en ordonnées, diminuée de la chute de voltage 0,05 volt causée par la résistance intérieure (correspondant à une résistance intérieure de 0,025 ohm).

AB représente la portion moyenne d'une courbe de décharge normale. En B la direction du courant a été brusquement changée avec un basculeur. Comme le montre la figure 8, le voltage de l'accumulateur ne monte pas tout d'un coup, mais peu à peu, tandis qu'on fournit à l'accumulateur environ 10 ampères-minute. En C on renverse de nouveau le sens du

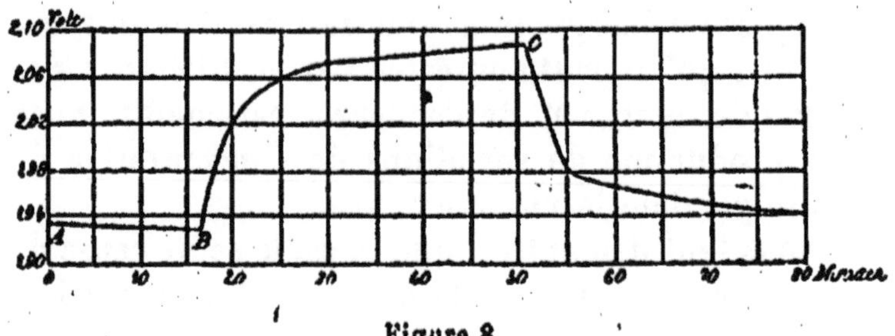

Figure 8

courant avec le basculeur et la différence de potentiel descend peu à peu pendant le passage d'une quantité d'électricité à peu près égale à la précédente. Les courbes expriment, en faveur de la présence de différences de concentration et à l'encontre de l'hypothèse d'un processus électrolytique de nature variable, le fait connu que la différence entre les différences de potentiel de charge et de décharge augmente avec les régimes élevés et qu'elle tend vers O avec les régimes faibles. La figure 9 montre le même fait très claire-

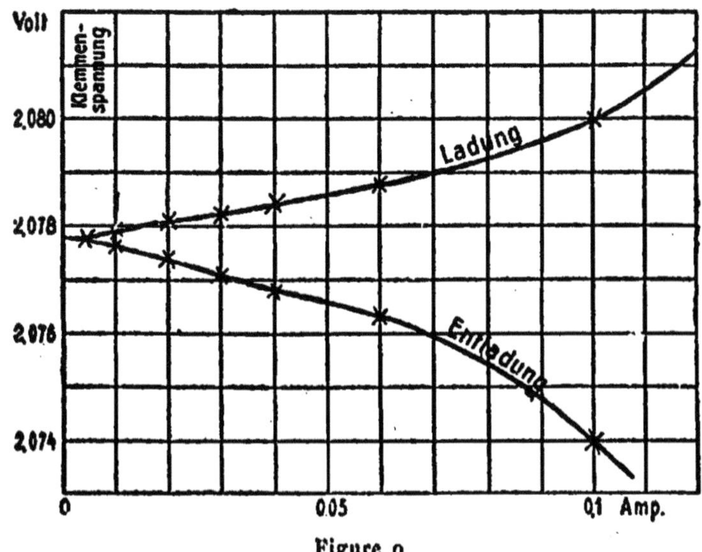

Figure 9

Klemmenspannung   Différence de potentiel aux bornes
Ladung   Charge
Entladung   Décharge

ment : les régimes de charge et de décharge sont portés en abscisses et les différences de potentiel de charge et de décharge en ordonnées. Les mesures ont été faites sur un grand accumulateur de 200 ampères-heure de capacité construit par la *Watt-Accumulato-ren-Werke* de Berlin, qui contenait 6 positives et 7 négatives dont les dimensions étaient $280 \times 170 \times 4$ millimètres, la distance entre plaques étant de 10 millimètres. La résistance intérieure déduite de la conductibilité de l'acide employé (26 p. 100) était de 0,00025 ohm. La chute de po tel ça sée par la résistance intérieure était donc, pour les régimes inférieurs à 0,01 ampère, moindre que 0,00003 volt. Commè l'indique la figure 9, la différence entre les voltages de charge et de décharge pour un grand élément comme celui-là, au régime de 0,1 ampère (densité de courant de 0,0017 ampère par décimètre carré), est de 0,006 volt, c'est-à-dire 0,3 p. 100 du voltage total. Au régime de 0,01 ampère la perte d'énergie n'est plus exprimée que par 0,0002 volt ; l'accumulateur est ainsi réversible à 0,1 p. 1000 près.

Si l'on diminue encore davantage la densité du courant, la différence entre les voltages de charge et de décharge n'est bientôt plus appréciable. Il n'est plus douteux que toute la perte d'énergie inhérente au travail de l'accumulateur [1]) est due à la production de variations de concentration dans la matière active et non à un changement du processus chimique en cours de charge. Ce résultat s'accorde parfaitement avec les preuves thermodynamiques de la réversibilité complète d'un accumulateur, aux régimes faibles.

Il reste encore à connaître comment se partage sur chaque électrode, l'irréversibilité conditionnée par la polarisation de concentration. L'expérience décrite à la page 90 montre que la polarisation de concentration a lieu sur les deux électrodes. Mais on peut conjecturer que les variations de concentration seront plus importantes à la plaque positive où la matière active est moins poreuse qu'à la plaque négative. Le volume d'une molécule-gramme SO_4Pb (303 grammes) est 48,7 centimètres cubes, celui d'une molécule-gramme PbO_2 (239 grammes) est 26,8 centimètres cubes et celui d'une molécule-gramme de plomb (207 grammes)

____

[1]) Abstraction faite des pertes secondaires par décharge spontanée et dégagement gazeux.

n'est que 18,2 centimètres cubes. La porosité du plomb spongieux est par conséquent environ 1,4 fois plus grande que celle du peroxyde, si l'un et l'autre proviennent d'une même pâte. La concentration à l'électrode positive ne change pas de la même façon qu'à l'électrode négative, car il y a non seulement de l'acide sulfurique engagé, comme à la négative, mais il y a en plus formation d'eau et par suite dilution plus grande à la positive qu'à la négative. Il faudra en outre calculer la variation de concentration causée par le transport électrolytique de l'acide ; Mugdan [1]) a le premier mentionné les conditions théoriques du transport pour les solutions étendues. J'emprunte à un travail du professeur Nernst le calcul de transport suivant.

Enlevons à un accumulateur une quantité d'électricité de 2 F (F $=$ 96540 coulombs) qui correspond à la consommation de 1 molécule-gramme Pb et PbO^2 ; l'électrolyte devra fournir dans le voisinage, de la plaque de plomb spongieux, 1 molécule SO^4, tandis que 2 μ atomes H et (1 $-$ μ) molécule SO^4 chemineront en sens contraire (μ étant le nombre de transport des cations (H) de Hittorf. La variation totale de concentration à l'électrode de plomb spongieux est donc :

$$- 1\,SO^4 - 2\,\mu\,H + (1 - \mu)\,SO^4 = - \mu\,mol.\,SO^4H^2.$$

A l'électrode peroxydée les choses se passent de la façon suivante. Il y a consommation de 1 molécule SO^4 pour la formation du sulfate, tandis que 2 atomes O du peroxyde passent dans la solution et que 2 μ atomes H et (1 $-$ μ) molécule SO^4 cheminent en sens contraire. La variation totale de concentration est

$$- 1\,SO^4 + 2O + 2\mu\,H - (1 - \mu)\,SO^4 = 2H^2O - (2 - \mu)\,mol.\,SO^4H^2.$$

---

[1]) *Zeitschr. für Elektrochem.* 1899. II 23, p. 313.

Le nombre de transport μ a une valeur de 0,81 d'après les mesures de Hittorf pour la concentration usuelle d'acide de 20 p. 100. Pour cette densité la consommation d'acide à l'électrode de plomb spongieux est de — 0,81 molécule SO^4H^2 et à l'électrode peroxydée de (2 molécules H^2O — 1,19 molécule $S O^4H^2$) soit — 1,28 molécule SO^4H^2

Bien que le transport tende à amoindrir la concentration à l'électrode négative et à l'élever à l'électrode positive, la diminution de concentration est pourtant sur cette dernière beaucoup plus grande (1,6 fois environ) à cause de la formation d'eau. En outre, comme nous l'avons déjà dit la moindre porosité du peroxyde provoque aussi un épuisement plus rapide de l'acide qu'il contient.

Nous avons établi chapitre V page 68, pour les variations du potentiel des électrodes (ε_2 et ε_1) avec la dilution de l'acide, l'équation :

$$\frac{\partial \varepsilon_2}{\partial n} = \left(1,47 + \frac{2,47}{n} \right) \frac{\partial \varepsilon_1}{\partial n} ,$$

dans laquelle n est le nombre de molécules-gramme d'eau de la solution par molécule-gramme SO^4H^2. Pour la densité d'acide usuelle de 1,15, $n = 20$ et

$$\frac{\partial \varepsilon_2}{\partial n} = 1,6 \frac{\partial \varepsilon_1}{\partial n} ,$$

c'est-à-dire que le potentiel de l'électrode peroxydée décroît avec la dilution de l'acide, 1,6 fois plus vite que celui de l'électrode plomb.

Une même variation de concentration produit par conséquent à l'électrode peroxyde une polarisation 1,6 fois plus grande qu'à l'électrode plomb. Il s'ensuit que la réversibilité à l'électrode peroxyde sera beaucoup plus faible qu'à l'électrode plomb. Des mesures ayant trait à la réversibilité de chaque électrode ont été faites pour la première fois par Streintz. Dans un élément Tudor de 5o ampères-heure de capacité environ, pendant la charge et la décharge au régime de 6.

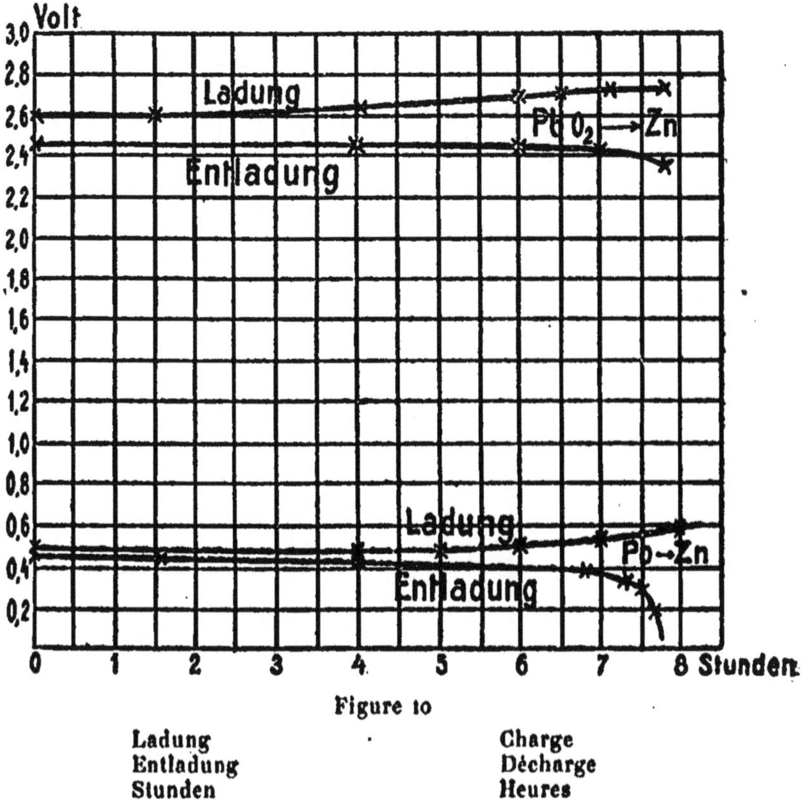

Figure 10

Ladung	Charge
Entladung	Décharge
Stunden	Heures

ampères, le potentiel de chaque électrode était mesuré vis-à-vis d'une électrode en zinc plongée dans le même acide ; les valeurs trouvées sont portées sur la fig. 10. Elles montrent que la différence entre les différences de potentiel de charge et de décharge est beaucoup plus grande pour l'électrode peroxyde que pour l'électrode plomb. On ne saurait établir de relations quantitatives précises pour des phénomènes de diffusion aussi compliqués.

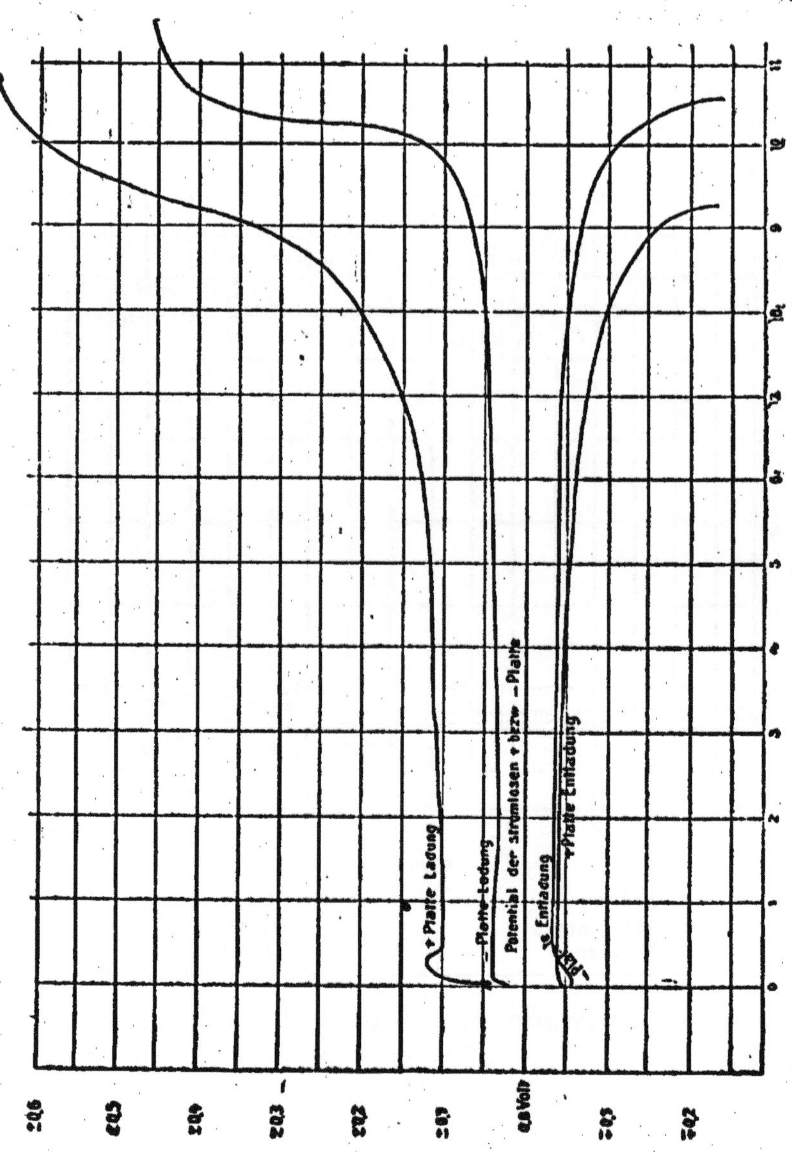

Figure 11

+ Platte	Plaque positive
— Platte	Plaque négative
Ladung	Charge
Entladung	Décharge
Potential der stromlosen	Potentiel à circuit ouvert de la
+ bezw. — Platte	plaque positive ou de la plaque négative

Récemment Mugdan [1] a étudié les polarisations de chaque électrode pendant la charge et la décharge. Une positive et une négative à grille de mêmes dimensions et dont les grilles avaient été empâtées avec la même quantité de matière étaient chargées et déchargées entre des plaques plus grandes. Pendant le passage du courant, la plaque positive était mesurée avec une petite plaque peroxydée auxiliaire, et la plaque négative avec une petite plaque de plomb spongieux auxiliaire.

La figure 11 montre que la polarisation dans les expériences de Mugdan est beaucoup plus grande pour la positive que pour la négative. Il faut encore remarquer que la différence des polarisations est plus grande pendant la charge que pendant la décharge. Ce fait est peut-être explicable de la façon suivante : la formation nouvelle des ions $\overline{Pb}\overline{O}$ (page 33) à la plaque positive pendant la charge, ne se produit pas avec une vitesse suffisante étant donnée la concentration extrêmement faible de ces ions (page 37) ; il en résulte un épuisement rapide de ces mêmes ions et d'après la théorie de Liebenow la différence de potentiel de charge doit s'élever (équation 13). Un éclaircissement de cette question si importante théoriquement et pratiquement se déduirait probablement de mesures de polarisation d'une électrode peroxyde dans des solutions à différentes teneurs en ions $\overline{Pb}\overline{O}$.

Les mesures précédentes expriment que la perte d'énergie dans l'accumulateur se répartit ainsi : 60 à 70 o/o de la perte totale sont imputables à l'électrode peroxydée et 30 à 40 p. 100 à l'électrode plomb. Cette conclusion a pour condition que les électrodes positive

------

[1] *L. c.* p. 320.

et négative soient construites avec la même grille et la même pâte et qu'elles aient même capacité.

Dans un élément contenant des positives minces et des négatives épaisses ou dans lequel la capacité des positives surpasse de beaucoup celle des négatives, la polarisation de concentration à l'électrode plomb peut au contraire être plus grande que celle de l'électrode peroxyde. Mais les chiffres précédents sont à peu près exacts quand il s'agit des accumulateurs tels qu'on les construit ordinairement.

———

X

Phénomènes du circuit ouvert.

a. — *Rétablissement de la force électromotrice.* — Si on décharge un accumulateur jusqu'à ce que la chute de la différence de potentiel s'accentue et si on interrompt alors le courant de décharge, on peut observer que la force électromotrice remonte, d'abord rapidement, puis lentement et qu'après quelques minutes elle reprend la valeur correspondant à la densité d'acide employée.

Ce rétablissement de la force électromotrice de l'accumulateur abandonné au repos est analogue au phénomène des décharges résiduelles des condensateurs.

Les considérations exposées dans le chapitre précédent font conclure que la baisse de la force électromotrice est causée par l'appauvrissement de la matière active en acide. Après la rupture du circuit, l'acide extérieur se diffuse bientôt dans la matière active et la force électromotrice remonte.

Pour se convaincre qu'il s'agit bien ici d'un phénomène de diffusion, il suffit de montrer que la courbe de rétablissement de la force électromotrice est calculable avec une grande approximation en employant la loi de diffusion de Fick [1]). L'accroissement de concentration dc qu'éprouve l'acide pendant le temps dt, peut être pris proportionnel à la différence de concentration de l'acide extérieur (c_e) et de l'acide intérieur (c_i), à la section des canaux de diffusion s et inversement proportionnel à leur longueur l :

$$dc = \text{constante} \frac{(c_e - c_i)}{l} s\, dt.$$

La concentration de l'acide extérieur peut être considérée comme constante et comme s et l sont indépendants du temps,

$$\frac{\partial c_i}{\partial t} = \text{constante} - \text{constante}.\, c_i \quad . \quad . \quad (5o)$$

La force électromotrice monte entre les limites de concentration de 5 à 5o o/o suivant l'équation 15 (page 42):

$$E = 1,85o + 0,00057\, c_i$$

d'où

$$\frac{\partial E}{\partial t} = 0,00057 \frac{\partial c_i}{\partial t}$$

et en rapprochant les équations 5o et 15,

$$\frac{\partial E}{\text{constante} - E} = \text{constante}\, \partial t.$$

L'intégration de cette équation fournit pour la force électromotrice au temps t la relation :

$$E_t = E_a - \frac{p}{e^{at}} , \quad . \quad . \quad . \quad . \quad (5\imath)$$

---

[1]) Cette loi n'a qu'une valeur approximative pour les électrolytes.

dans laquelle E_a, p et a sont des constantes et e la base des logarithmes népériens.

Pour $t = \infty$, $E_t = E_a$; E_a est alors la force électromotrice après rétablissement complet, quand la concen-

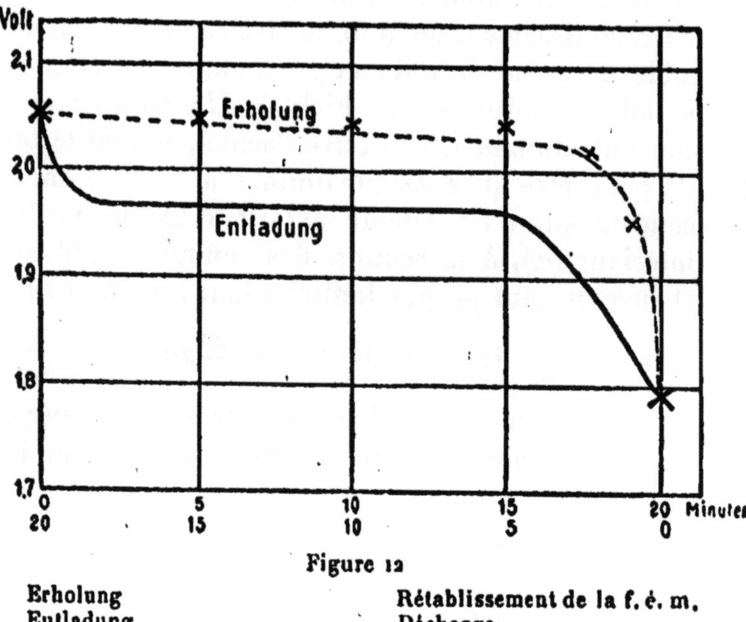

Figure 12

| Erholung | Rétablissement de la f. é. m. |
| Entladung | Décharge |

tration intérieure est devenue la même qu'à l'extérieur.

Pour $t = 0$, $E_t - E_a = -p$; p est la valeur de la polarisation à la fin de la décharge. L'équation 51 permet ainsi de calculer la force électromotrice à un moment donné après l'ouverture du circuit, en fonction de la force électromotrice de la fin de la décharge et d'une constante dépendant de la construction de l'élément.

La vitesse du rétablissement de la force électromotrice a été étudiée par Moore[1]. Parmi ses nombreuses mesures, je choisis un exemple représenté par la figure 12. La courbe pleine montre l'allure de la diffé-

[1] *Physical Review*, 4, p. 353. 1897.

rence de potentiel pendant la décharge. Après interruption du circuit, elle remonte progressivement jusqu'à la valeur initiale 2,052 volts (courbe ponctuée).

Si l'on calcule, avec l'équation (51), la force électromotrice à divers moments, on obtient les valeurs désignées par des croix, qui se trouvent placées à peu de chose près sur la courbe observée. On a pris pour le calcul $E_a = 2,052$, $p \doteq E_a - E_{to} = 0,264$ et $a = 0,883$.

La concordance si parfaite entre les forces électromotrices mesurées et calculées est un argument excel-

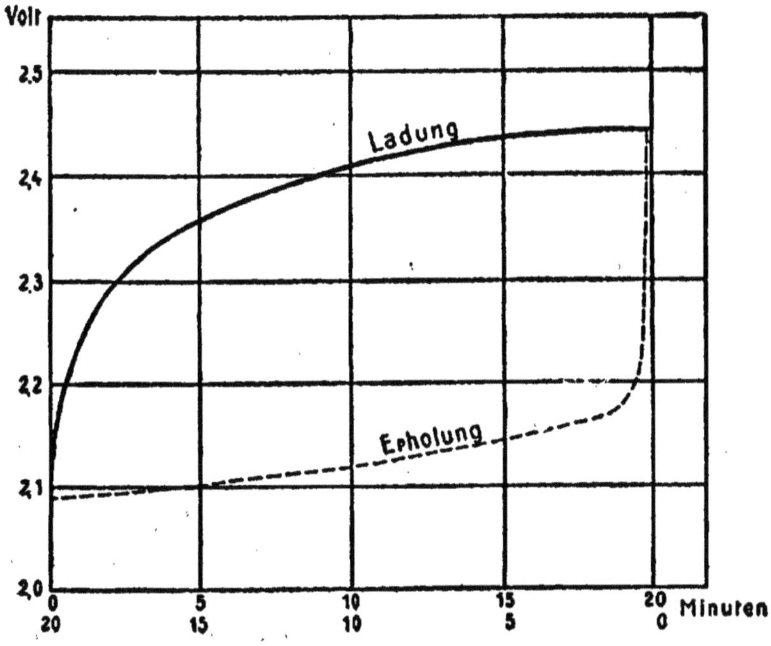

Figure 13

Erholung   Rétablissement de la f. é. m.
Ladung   Charge

lent pour prouver que la chute de la différence de potentiel en décharge est imputable aux variations de concentration dans la matière active et non à un processus chimique irréversible.

Une polarisation de même nature qu'en décharge, se produit en cours de charge. La figure 13 fait voir que le rétablissement de la force électromotrice après charge a une forme logarithmique. Il y a ici non une diffusion d'acide sulfurique, mais une diffusion de sulfate de plomb (voir page 91). Toutes nos études précédentes se prêtent à l'explication de ce fait.

b. — *Décharge spontanée.* — Lorsqu'on abandonne au repos un accumulateur chargé, on observe que la densité de l'acide baisse lentement et que la quantité d'électricité disponible diminue de jour en jour. Cette décharge spontanée, dans un accumulateur en bon état, représente par jour 1 à 2 o/o de la quantité d'électricité emmagasinée, mais peut atteindre 50 o/o et plus, si l'acide contient des impuretés. Nous étudierons avec soin la cause des décharges spontanées à la négative, car elles ont en pratique une importance considérable.

La présence dans l'acide sulfurique d'un métal fortement négatif par rapport au plomb, tel que le platine ou l'or, a une action désastreuse sur la conservation de la charge de l'électrode plomb spongieux, car le métal en se déposant sur le plomb forme un élément local dans lequel le plomb spongieux est transformé en sulfate avec dégagement d'hydrogène. Une telle décharge spontanée ne se produit qu'avec un métal plus électronégatif que le plomb.

Cependant la théorie de Nernst fait observer que la différence de potentiel entre un métal et sa solution, ne dépend pas seulement de la nature du métal, mais aussi de la concentration des ions métal dans l'électrolyte qui l'entoure. Le plomb se comporte électropositivement à cause de la faible concentration des ions plomb, il peut ainsi précipiter de l'acide sulfurique, le nickel, le cobalt et même le fer, ce dont il est incapable dans les solutions de sels de plomb solubles.

La présence d'un couple local provoquant une décharge spontanée sera reconnaissable au dégagement d'hydrogène qui se produit sur le métal précipité. Les nouvelles recherches de Nernst et Caspari [1]), ont montré que la production d'hydrogène à la surface d'un métal n'est pas réversible, mais que pour former des bulles d'hydrogène, une surélévation de voltage est nécessaire, qui possède pour chaque métal une valeur particulière. Les différences de potentiel nécessaires pour produire le dégagement des bulles d'hydrogène sur les différents métaux (mesurées avec une électrode à hydrogène [2]), sont d'après ces expérimentateurs :

Platine platiné	0,005 volt	Palladium	0,46 volt
Or	0,02	Cadmium	0,48
Fer	0,08	Etain	0,53
Platine poli	0,09	Plomb	0,64
Argent	0,15	Zinc	0,70
Nickel	0,21	Mercure	0,78
Cuivre	0,23		

Le tableau 8 (page 61) nous donne pour la différence de potentiel entre le plomb spongieux et une électrode à hydrogène, dans l'acide sulfurique de concentration usuelle, 0,33 volt. Tous les métaux pour lesquels la différence de potentiel de production d'hydrogène est plus petite que 0,33 volt peuvent donner lieu à une décharge spontanée à l'électrode plomb, par conséquent tous ceux qui sont placés avant le palladium dans le tableau précédent sont dangereux, tandis que les suivants peuvent exister

---

[1]) *Zeitschr. f. physikal. Chem.* XXX, 1899, H. 1. S. 89.
[2]) Platine platiné saturé d'hydrogène.

dans l'acide sans dommage pour l'accumulateur. Un peu de mercure peut même agir efficacement, parce qu'il s'allie au plomb, que la différence de potentiel de production d'hydrogène se trouve surélevée, et que la dissolution du plomb est retardée.

L'intensité du courant local c'est-à-dire la vitesse de la décharge spontanée est la plus grande avec le platine et la plus faible avec le cuivre ; l'expérience pratique a du reste, depuis longtemps vérifié cette prévision théorique.

Kugel [1]), a fait une étude méthodique de l'influence des impuretés métalliques sur la décharge spontanée. Kayser et Ost ont recherché le platine par l'analyse spectrale et ont montré que ce métal, même à la teneur de 1 millionnième, provoquait une décharge rapide de la plaque négative.

Kugel a observé que des métaux, qui pris séparément n'auraient pas d'action importante peuvent produire une forte décharge spontanée, s'ils sont réunis dans l'acide de l'accumulateur. Une explication de ce fait n'a pas encore été donnée.

Dans la pratique, l'influence du platine sur la décharge spontanée doit être prise en considération, car ce métal existe dans l'acide sulfurique qui a été concentré dans des appareils de platine.

On peut se rendre compte de l'effet pernicieux de ce métal, en versant dans un élément chargé un peu de chlorure de platine ; les plaques négatives produisent immédiatement des gaz et se déchargent en peu de temps.

Des plaques contenant du platine sont absolument inutilisables, tandis que toutes les autres impuretés métalliques si elles n'existent qu'à l'état de traces

---

[1]) *Elektrotechn. Zeitschr.* 13, p. 9 et 16. 1892.

deviennent inactives après un long fonctionnement de l'accumulateur, sans doute parce qu'elles s'allient peu à peu au plomb.

On reconnaît la présence d'impuretés métalliques quand les plaques négatives après la rupture du circuit laissent encore dégager des gaz.

Examinons maintenant la décharge spontanée de l'électrode positive. Elle est en général beaucoup plus lente que celle de l'électrode négative et a moins d'importance en pratique. Les impuretés métalliques n'ont naturellement pas d'influence sur le peroxyde de plomb, puisqu'il ne les précipite pas.

Il n'y a, aux positives, qu'une seule sorte de décharge spontanée qui présente de l'intérêt, c'est celle que Gladstone et Tribe ont étudiée et à laquelle ils ont donné le nom d'*action locale*. Le peroxyde de plomb et le plomb sous-jacent constituent un élément en court circuit dans lequel le peroxyde et le plomb sont transformés en sulfate. L'action du peroxyde sur le plomb support a pour résultat la destruction progressive de celui-ci. La décharge spontanée due à cette cause n'est appréciable pratiquement que dans les éléments à mince couche de matière active (éléments Planté).

Les métaux dissouts peuvent provoquer d'autres sortes de décharges spontanées. Quand ils sont facilement oxydables, ils agissent en transportant de l'oxygène de l'anode à la catode. A cette catégorie d'impuretés appartiennent tous les sels de métaux à valence variable. S'il y a par exemple un sel de fer dans l'élément, il passera à l'état de sel ferrique à l'anode, se diffusera ensuite vers la catode et se réduira là à l'état de sel ferreux, apte à subir une nouvelle oxydation à l'anode, etc...

Knorre [1] a étudié la décharge spontanée due à la

---

[1] *Zeitschr. f. Elektrochem.* III, p. 662, 1897.

présence du manganèse. Il peut provenir du grillage en plomb ou de la pâte. Il passe à l'état d'acide permanganique aux dépens du peroxyde, se diffuse vers la plaque négative et y abandonne l'oxygène disponible. L'emploi des sels de manganèse doit donc être proscrit, d'autant plus qu'il semble inutile d'en ajouter à la pâte.

D'autres pertes d'énergie se produisent encore certainement dans l'accumulateur lorsque l'acide est saturé d'oxygène ou d'hydrogène dans le voisinage des électrodes, ces gaz pouvant oxyder ou réduire la matière active et produire ainsi une décharge spontanée. L'oxygène de l'air produit encore une oxydation lente du plomb spongieux; on sait que les négatives exposées à l'air s'oxydent rapidement avec dégagement de chaleur. Ces dernières sortes de décharges spontanées ne peuvent guère entraîner que des pertes insignifiantes d'énergie; elles ont beaucoup moins d'importance que les précédentes.

Notons encore que la densité de l'acide a une grande influence sur la rapidité des décharges spontanées de l'électrode négative. De l'hydrogène se forme sur les impuretés et ce corps joue alors le rôle d'une électrode à hydrogène; la décharge locale peut à cause de sa présence augmenter fortement avec la concentration de l'acide [1]). Dans l'acide très concentré la valeur de la force électromotrice du couple $Pb - H'$ dépasse la valeur (o,64 volt) du voltage de production d'hydrogène sur une surface de plomb (page 109). Dans l'acide concentré, le plomb le plus pur doit sous un fort dégagement d'hydrogène se dissoudre lui-même, comme l'expérience l'a du reste établi.

----

[1]) *Voir le tableau 8 qui contient les forces électromotrices du couple $Pb - H^2$ pour différentes concentrations.*

Il n'existe pas encore de mesures de vitesse de décharge spontanée dans différentes densités d'acide, mais la pratique des accumulateurs a donné des règles s'accordant bien avec nos prévisions théoriques.

c. — *Sulfatation.* — Si on charge un élément après l'avoir laissé longtemps au repos après décharge, on observe que la résistance intérieure a considérablement augmenté. Après quelques minutes de passage du courant de charge, la résistance commence à décroître et à se rapprocher ensuite lentement de sa valeur normale. Un essai de décharge montre que la capacité a fort souffert. L'abandon de l'accumulateur déchargé est donc excessivement néfaste et il faut plusieurs charges et décharges pour retrouver les qualités initiales.

Si la décharge a été faite complètement et si l'élément a été abandonné plusieurs semaines, il faut dépenser une grande quantité d'énergie pour remettre les plaques en bon état, si même on n'est pas obligé de les remplacer.

En examinant les plaques d'un accumulateur fortement déchargé et abandonné au repos, on remarque que leur couleur est un peu plus claire. Après quelques jours, de petites taches blanches apparaissent par endroits, qui s'agrandissent de jour en jour et après plusieurs semaines les plaques sont entièrement recouvertes d'une couche blanche.

L'analyse de la matière blanche montre qu'elle ne contient que du sulfate de plomb. On a désigné ce fait de la formation d'une couche de sulfate, si nuisible pour l'accumulateur, par le nom mal choisi de *sulfatation.*

Nous avons vu dans les chapitres précédents que du sulfate se forme aux deux électrodes pendant toute décharge normale, qui se transforme sans la moindre difficulté en PbO² et Pb par la charge. Ceci semble a priori en contradiction avec le fait nommé sulfatation. C'est à cause de cela qu'on a admis que le sulfate qui se forme pendant la décharge normale est une modification allotropique du sulfate ordinaire, qui au bout d'un certain temps se change en sulfate ordinaire et donne l'apparence de la sulfatation. Mais nous ne connaissons aucune modification allotropique du sulfate de plomb ni d'un sel analogue. L'hypothèse d'un sulfate allotropique est absolument arbitraire et n'est pas nécessaire d'ailleurs pour expliquer la *sulfatation*. Selon Elbs [1] sur chaque particule de plomb ou de peroxyde, une mince couche de sulfate finement divisé imbibée d'acide sulfurique, se forme pendant la décharge. Si l'accumulateur est abandonné après la décharge, de faibles abaissements de température auront pour effet la formation de cristaux de sulfate. Si la température s'élève, la solubilité du sulfate augmentant, les plus petits cristaux retourneront en solution. Pendant un refroidissement lent les cristaux encore présents deviendront plus gros. Les variations de température produiront un accroissement continuel des gros cristaux aux dépens des petits jusqu'à ce que la matière active soit recouverte d'une couche opaque de cristaux de sulfate. Le même fait résulte de la plus grande solubilité des petits cristaux [2]. L'élévation de la résistance intérieure produite ainsi est également observable dans d'autres éléments à sels solides tels que ceux de Clark et de Weston.

La couche de sulfate ainsi formée finit par donner

---

[1] *Die Accumulatoren*, S. 40. 1898.

[2] Ostwald, *chimie analytique*.

une teinte blanche aux plaques. Les gros cristaux de sulfate de plomb, à cause de la faible solubilité de ce sel, ne seront pas transformés sous l'action du courant de charge, aussi rapidement que le sulfate finement réparti sur le plomb ou le peroxyde conducteur.

Voyons maintenant quelles sont les circonstances qui permettent d'atténuer la sulfatation. L'expérience acquise dans les fabriques d'accumulateurs ainsi que les mesures de Heim, enseignent que la sulfatation augmente avec la densité de l'acide. Ceci est compré-

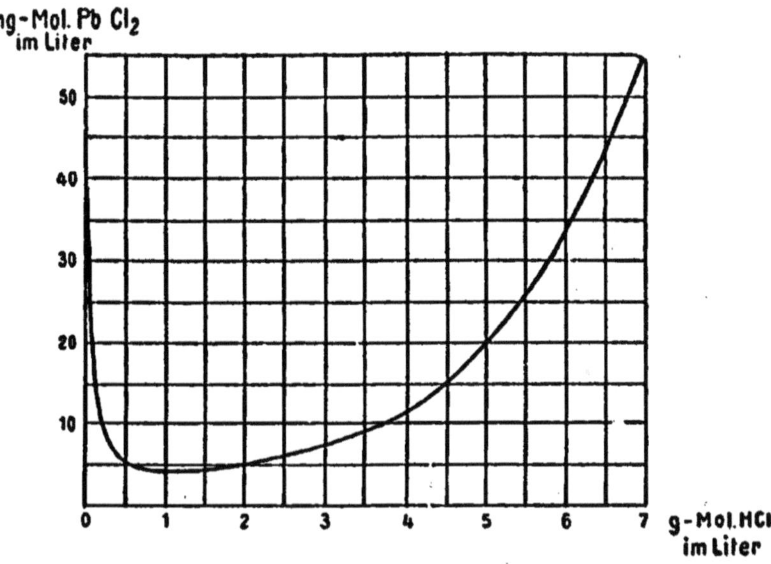

Figure 14

hensible après ce que nous avons déjà vu. La vitesse de cristallisation augmentera avec la solubilité du sulfate. Or la solubilité d'un sel de plomb décroît d'abord par l'addition d'un acide à ions semblables et monte ensuite parce que l'acide a des liaisons complexes avec le sel.

La figure 14 donne à titre d'exemple la solubilité

du chlorure de plomb dans l'eau additionnée de quantités croissantes d'acide chlorydrique [1]). La solubilité du chlorure de plomb atteint un minimum pour l'acide normal, puis croît rapidement avec la concentration de l'acide chlorhydrique pour atteindre une valeur 4 fois plus grande que la solubilité dans l'eau pure.

Pour le sulfate de plomb la courbe de la solubilité n'a malheureusement pas été déterminée. J'ai seulement pu rassembler les nombres du tableau 15.

TABLEAU 15

Densité d'acide	SO_4H_2 p. 100	SO_4Pb en grammes par litre	Température en degrés C	Observateurs
1,000	0	0,042	11°C	Fresenius
1,000	0	0,046	18°C	F. Kohlrausch et Rose
1,000	envir.1	0,027	—	Fresenius
1,22	29	0,012	—	Gladstone et Hibbert
1,54	64	0,040	—	Kolb
1,70	86	0,197	—	Kolb
1,84	99	0,72	—	Kolb

La représentation graphique de ces valeurs montre que la courbe de solubilité du sulfate de plomb a même allure que celle du chlorure de plomb. Comme les nombres qui ont servi à tracer cette courbe sont empruntés à divers observateurs, on ne peut rien affirmer sur sa précision. C'est néanmoins un document précieux pour la théorie comme pour la pratique des accumulateurs.

---

[1]) Ende. *Inaug. Diss. Göttingen.* 1899.

Il faut retenir que le minimum de solubilité du sulfate et par conséquent le minimum de sulfatation se présente pour l'acide à 1,5 mol. gr. SO'H² (13 à 14 o/o SO'H'). Ceci est confirmé par Heim lorsqu'il

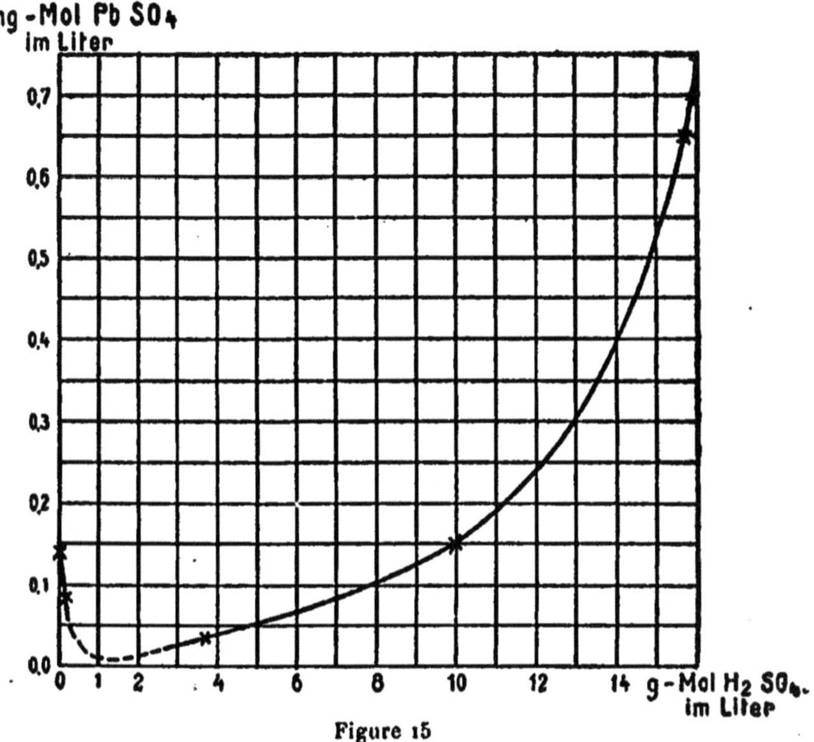

Figure 15

dit que la capacité d'un élément est durable quand il est rempli avec de l'acide à 16 o/o SO'H' [1]). Pour un acide à 5 mol. gr. SO'H² (38 o/o) la solubilité du sulfate est 10 fois plus grande et pour de l'acide à 15 mol. gr. (83 o/o) elle est 100 fois plus grande que dans l'acide à 14 o/o.

On voit nettement quelle énorme influence la densité de l'acide a sur la sulfatation et combien il est

---

[1]) Mesuré à l'état déchargé.

dangereux de laisser longtemps un accumulateur déchargé dans un acide trop fort ou trop faible.

XI

La résistance intérieure.

La résistance intérieure [1] de l'accumulateur au plomb est extrêmement faible, grâce à la grande conductibilité de l'acide sulfurique. Elle n'est que de quelques centièmes d'ohm pour les éléments les plus petits et de quelques dix millièmes d'ohm seulement pour les grands éléments. La chute de potentiel provoquée par la résistance intérieure est par conséquent très faible; elle est de quelques centièmes de volt pour les densités de courant les plus élevées, de sorte que l'énergie perdue selon la loi de Joule ne dépasse pas 2 à 5 o/o de la charge totale de l'accumulateur. La résistance intérieure a donc peu d'importance pratiquement et il semble d'ailleurs complètement impossible de réaliser un appareil dont la résistance intérieure soit beaucoup plus faible. Malgré cela l'étude précise de cette quantité et surtout de ses variations avec le passage du courant présente un grand intérêt théorique.

Haagn [2] a étudié très soigneusement, par la méthode

---

[1] La mesure des résistances intérieures est décrite au dernier chapitre.

[2] *Inaugural-Dissertation, Göttingen,* 1897. *Zeitschr. f. physikal. Chem.* XXIII., Heft I. 1897.

de Nernst, la résistance intérieure à circuit ouvert et à circuit fermé à différents régimes. Il chercha d'abord, si à un moment donné de la charge ou de la décharge, le régime du courant avait une influence sur la résistance intérieure. Il se servait d'un petit accumulateur Pollak de 2 ampères-heure environ de capacité. Il le déchargeait jusqu'à 1,70 volt et mesurait la résistance intérieure pour différentes intensités du courant. Il obtint ainsi :

Régime en ampères	Résistance en ohms
0	0,0422
0,1	0,0421
0,2	0,0423
0,48	0,0423
0,65	0,0423
1,0	0,0423
0	0,0422

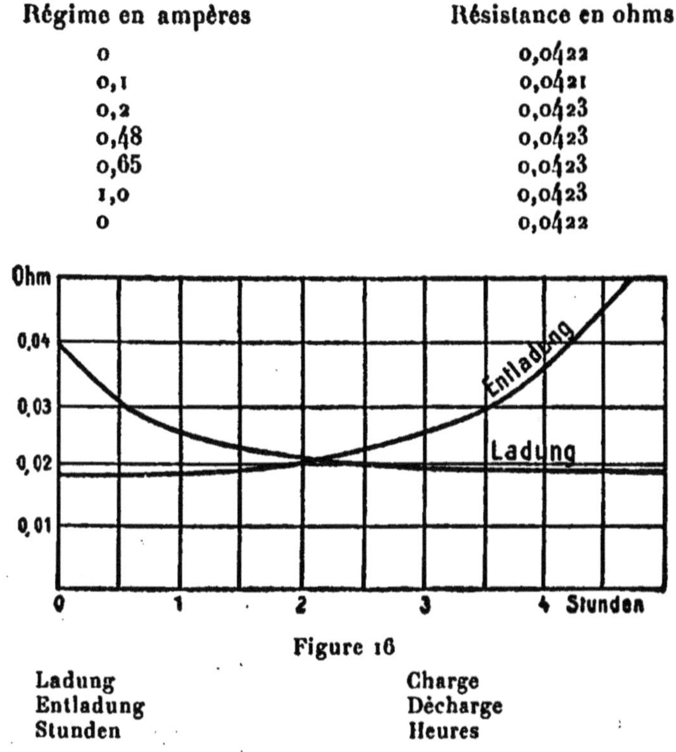

Figure 16

Ladung	Charge
Entladung	Décharge
Stunden	Heures

La résistance intérieure serait donc indépendante de l'intensité du courant. Il obtint encore le même résultat avec l'accumulateur à demi déchargé ; la résistance avait une valeur constante de 0,0187 ohm, c'est-à-dire la moitié à peu près de la valeur de fin décharge. La figure 16 montre comment la résistance intérieure monte pendant le cours d'une décharge au régime de o,65 ampère.

Pendant la charge, la résistance diminue et repasse à peu près par les mêmes valeurs. La deuxième courbe de la figure 16 représente la résistance intérieure pendant la charge au régime constant de o,52 ampère.

Haagn a retrouvé les mêmes variations de résistance intérieure pour des éléments de constructions différentes. Elles sont donc typiques pour l'accumulateur au plomb.

La diminution de la résistance intérieure pendant la charge et son augmentation pendant la décharge avaient déjà été signalées par Hallwachs [1]) et plus tard par Häberlein [2]) et Boccali [3]). Hallwachs employait la méthode de F. Kohlrausch avec le courant alternatif et un téléphone; ses résultats sont rassemblés dans le tableau 16.

TABLEAU 16

CHARGE		DÉCHARGE	
Temps en heures	Résistance en ohm	Temps en heures	Résistance en ohm
o	o,3o	o	o,oo8
o,5	o,o3	2	o,o1
1	o,o2	4	o,o12
2	o,o1	1o	o,oo
4	o,oo8	13	o,25

[1]) *Wied. Ann.* 22, p. o5, 1884.
[2]) *Wied. Ann.* 31, p. 4o2, 1887.
[3]) *Elektrotechn. Zeitschr.* 18o1, p. 51.

Les variations de la résistance intérieure sont ici beaucoup plus grandes que dans les mesures de Haagn, peut-être que parce que dans le vieil élément employé par Hallwachs, le contact de la matière active avec le support n'était pas si parfait que dans les plaques de construction plus récente.

Les mesures de Häberlein sont plutôt qualitatives. Boccali a obtenu les valeurs suivantes par une méthode particulière que nous décrirons au chapitre XV :

Charge		Décharge	
Après 2 heures	0,0017 ohm	Au début	0,0022 ohm
Après 4 heures	0,0015 ohm	Après 1 heure	0,0025 ohm
Après 5 heures	0,0022 ohm	Après 3 heures	0,0028 ohm
Après 6 heures	0,0024 ohm	Après 4 heures	0,0030 ohm

Ces mesures s'accordent en général avec celles de Hallwachs et de Haagn. Boccali trouve encore que la résistance remonte à la fin de la charge quand les gaz commencent à se dégager. Haagn n'a pas observé ce fait qui est pourtant très plausible, les gaz aux électrodes étant capables d'augmenter la résistance. Il faut supposer que dans les expériences de Haagn, la surcharge n'a pas été poussée assez loin.

L'accroissement de la résistance en décharge est causé par la couche de sulfate non conducteur de plus en plus épaisse, qui se forme sur les particules de plomb et de peroxyde. La diminution de la densité de l'acide pendant la décharge produit aussi une élévation progressive de la résistance. La diminution de concentration aux électrodes agit de la même façon.

Pourtant les changements de concentration aux électrodes n'ont qu'une faible influence sur la résistance intérieure, d'après la comparaison des variations de résistance d'une décharge lente et d'une décharge rapide (Haagn).

Décharge rapide (0,05 amp.)	Décharge lente (0,27 amp.)
0,0177 ohm	0,0165 ohm
0,0184 »	0,0171 »
0,0193 »	0,0181 »
0,0213 »	0,0206 »
0,0281 »	0,0251 »
0,0516 »	0,0475 »

Les résistances placées ici en regard dans les deux colonnes correspondent au même nombre d'ampères-heure débités. Pendant la décharge lente, les résistances sont un peu plus faibles que pendant la décharge rapide, à cause du moindre abaissement de la concentration de l'acide aux électrodes.

Pour savoir comment se partagent les variations de résistance aux deux électrodes, Haagn a déchargé séparément chacune d'elles avec une plaque de zinc amalgamé et a mesuré en même temps la résistance du couple. Les valeurs qu'il a obtenues font voir clairement que les mesures ont été fortement influencées par les variations de résistance qui surviennent à l'électrode zinc et qu'on ne saurait en tirer de conclusion certaine. Il faudrait mesurer les variations de résistance de chaque électrode pendant le passage du courant avec une troisième électrode auxiliaire laissée à circuit ouvert.

XII

Capacité.

a. *Généralités*. — Par capacité d'un accumulateur électrique on entend la quantité d'électricité (comptée par exemple en ampères-heure), que l'on peut lui emprunter jusqu'à son épuisement complet. Si la décharge est faite à très faible régime, la capacité sera calculable au moyen de la loi de Faraday si l'on connaît le poids de la matière active, puisque 3.86 gr. de plomb spongieux et 4,45 gr. de peroxyde de plomb sont capables de fournir une quantité d'électricité de 1 ampère-heure par leur transformation en sulfate. Cette capacité idéale n'est jamais obtenue pratiquement ; pendant une décharge à fort régime, la différence de potentiel de l'élément décroît jusqu'à zéro (chapitre VIII) par suite de l'épuisement de l'électrolyte au sein de la matière active, bien que celle-ci soit encore en grand excès. Aux régimes ordinaires de décharge, il n'y a jamais qu'une fraction de la matière active qui soit utilisée à la production du courant. Il n'est d'ailleurs pas possible de décharger complètement l'accumulateur dans la pratique, car la tension doit rester constante dans les circuits d'utilisation et de plus la décharge complète serait préjudiciable à l'élément. On est obligé à cause de cela, d'interrompre la décharge quand la différence de potentiel commence à tomber rapidement (voir figure 7) et il faut compter pour la capacité pratique d'un accumulateur, la quantité d'électricité (en ampères-heure) qu'il peut fournir jusqu'à une différence de potentiel finale 1/10 environ inférieure à la différence de potentiel initiale ; par exemple entre 2 et 1,80 volts ou entre 1,96 et 1,77 volt.

Les discussions des chapitres VIII et IX nous ont montré que la cause de l'utilisation partielle de la matière active était la vitesse insuffisante de pénétration de l'acide dans ses pores quand la décharge est faite à fort régime. La preuve que ce fait est surtout dû à l'insuffisance de l'acide est encore donnée par l'ingénieuse expérience de Liebenow [1].

---

[1] *Zeitschr. f. Electrochem.* IV, p. 61. 1897.

Liebenow soude dans un bac en plomb K (figure 17) une plaque négative à grille P formant fenêtre. Ce bac est placé dans un autre bac plus grand et les deux récipients sont remplis d'acide jusqu'à la même hauteur. Une plaque positive P' est suspendue dans le bac intérieur K. Les plaques sont alors déchargées au

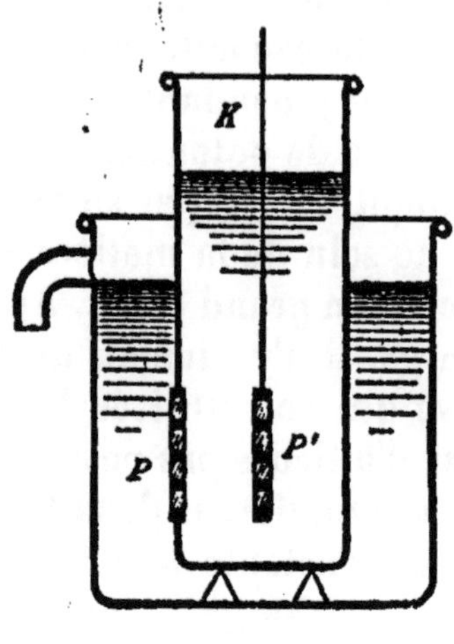

Figure 17

régime constant de 8 ampères et leur capacité est suivie en mesurant la différence de potentiel avec une électrode auxiliaire en zinc. On obtient ainsi 14,4 ampères-heure. Après la charge, on élève le niveau de l'acide dans le bac intérieur pour qu'il fasse pression sur la plaque négative. La capacité devient alors 41,6 ampères-heure, soit trois fois plus grande que précédemment.

Nous avons vu aussi au chapitre X, dans le rétablissement de la force électromotrice pendant le repos après décharge, un indice de la diminution de la capacité à cause de l'épuisement de l'acide. Pour la même raison la capacité doit diminuer avec l'intensité du courant de décharge; la densité de l'acide, l'épaisseur

des électrodes et la température auront également
une influence. Nous avons vu (page 99) que les variations de concentration étaient beaucoup plus
importantes à l'électrode peroxyde qu'à l'électrode
plomb; par conséquent la capacité de la plaque positive doit être moindre que celle de la plaque négative
si les deux plaques contiennent la même pâte, comme
le montre la fig. 11 (page 102). Nous examinerons
séparément dans ce qui va suivre chaque cause de
variation de la capacité.

b. — *Influence du régime de décharge.* — La courbe
18 [1]) montre la diminution de la capacité avec l'aug-

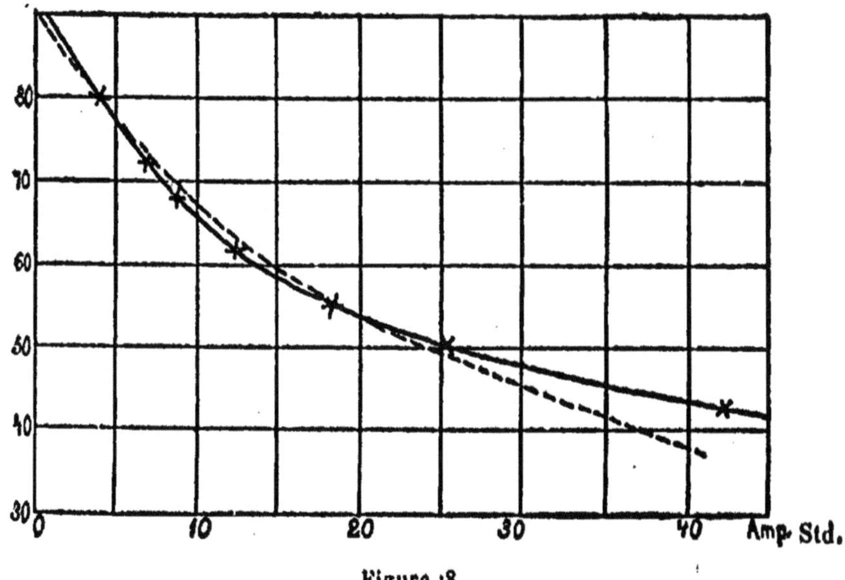

Figure 18

mentation de l'intensité du courant de décharge ; les
régimes en ampères sont portés en abscisses et les ca-

[1]) Tracée avec les nombres de *C. Liebenow. Zeitschr. f. Elektrochem.* IV, p. 61. 1897.

pacités correspondantes en ampères-heure en ordonnées. Une élévation du régime de décharge de 4 à 4o ampères fait diminuer de moitié la capacité.

Plusieurs formules empiriques ont été données pour le calcul rapide de la capacité dans chaque cas particulier. Elles représentent avec une approximation plus ou moins grande la forme de la courbe de capacité et peuvent être utiles dans les calculs pratiques.

Schröder[1] trouve que la capacité des accumulateurs de la fabrique de Hagen est représentable à peu de chose près, pour les décharges rapides par l'équation :

$$C . \sqrt[3]{I^2} = m \quad \ldots \quad \ldots \quad (52)$$

dans laquelle C est la capacité, I le régime de décharge et m une constante caractéristique de l'élément.

Cette formule présente sur les suivantes l'avantage de ne renfermer qu'une seule constante ; on peut donc avec un seul essai tracer la courbe de capacité. Elle n'est valable cependant que dans des limites étroites de I, qui sont le plus souvent dépassées en pratique et hors desquelles elle perd son exactitude. Pour les régimes faibles elle fournit des valeurs absolument inexactes, la capacité devenant infiniment grande quand I tend vers zéro.

Liebenow[2] remplace la formule de Schröder, pour les régimes faibles par l'équation :

$$C = \frac{M}{1 + \alpha I} \quad \ldots \quad \ldots \quad \ldots \quad (53)$$

dans laquelle M et α sont des constantes. Cette équation est surtout applicable dans le cas des régimes faibles, mais on est obligé de faire deux mesures

[1] *Elektrotech. Zeitschr.* 1894, p. 587.
[2] *Zeitschr. f. Elektrochem.* III. 1896. p. 71.

de capacité à différents régimes pour déterminer les deux constantes.

En combinant la formule (53) applicable aux régimes faibles avec la formule (52) applicable aux régimes forts, Liebenow [1] a montré qu'on obtenait une équation valable dans des limites très étendues :

$$C = \frac{A'}{1 + \dfrac{a}{t^n}}$$

dans laquelle A', a et n sont des constantes. Liebenow trouve que n est toujours voisin de $0,5$ et il ne reste plus qu'à déterminer les constantes A' et a pour chaque accumulateur. La formule devient en faisant $n = 0,5$,

$$C = \frac{A'}{1 + \dfrac{a}{\sqrt{t}}} \quad . \quad . \quad . \quad . \quad . \quad (54)$$

TABLEAU 17

Durée de la décharge en Heures	Régime de décharge i en Ampères	Capacité C		Différence
		Observée	Calculée	
1	42,5	42,5	42,2	+ 0,3
2	25,3	5o,5	5o,1	+ 0,4
3	18,5	55,5	56,2	— 0,7
5	12,4	62	62,8	— 0,8
7 1/2	9,1	68	68,2	— 0,2
10	7,2	72	71,2	+ 0,8
20	4,0	8o	79,5	+ 0,5

Dans le tableau 17 les valeurs de C calculées avec

---

[1] *Zeitschr. f. Elektrochem.* IV p. 58, 1897.

cette équation sont mises en regard des capacités mesurées. Les constantes sont ici :

$$A' = 104,326 \text{ et } a = 1,478.$$

Eu égard à l'incertitude inhérente aux mesures de capacité, la concordance entre les valeurs mesurées et les valeurs calculées est extrêmement satisfaisante. Si l'on augmentait davantage l'intensité, la divergence serait plus grande.

Peukert[1]) a aussi étudié la capacité en fonction de la durée de la décharge. Il a obtenu les chiffres suivants avec une batterie Correns.

Régime de décharge en Ampères	Durée de la décharge en heures	Capacité en Ampères-heure
10	10,8	108
15	9,75	146
18	8,5	153
20	6,5	130
27,2	4,41	120
30	3,67	110

Ces nombres satisfont à l'équation :

$$I^n t = \text{constante} \quad . \quad . \quad . \quad . \quad . \quad (55)$$

si l'on fait $n = 1,47$.

Pour quelques autres systèmes d'accumulateur, les valeurs de n seraient.

Système	Type	Valeur de n
Acc. Fabr. A. G. (Tudor)	E	1,35 –
«	ES	1,48
Pollak	SK	1,36
«	R	1,51
Correns	H	1,72
«	Q	1,04
G. Hagen	A	1,30
«	B	1,30
De Kholinsky	N	1,55
«	X	1,55
Gülcher	A	1,38
«	C et E	1,30

[1]) *Elektrotechn. Zeitschr.* 1897. p. 287.

Si l'on remplace dans l'équation 55, It par la capacité C, on obtient pour la capacité C_1 au régime I_1, la valeur

$$C_1 = C \left(\frac{I}{I_1} \right)^{n-1}.$$

Pour la valeur $n = 1,66$, cette équation serait identique à celle de Schröder (équation 52).

Loppé [1] a éprouvé la formule de Peukert sur un grand nombre de types d'éléments ; elle s'applique avec une grande approximation.

Les équations 52, 53, 54 et 55 ne sont valables que pour les décharges à régime constant. Cette condition est rarement réalisée en pratique. Nous établirons plus loin une équation permettant de calculer la capacité dans le cas du régime variable, mais nous essaierons d'abord de nous rendre compte théoriquement de la forme de la courbe de capacité.

Pour cela, suivons attentivement les phénomènes qui apparaissent dans la matière active. La matière active est constituée par un produit solide conducteur et poreux. Dès que le circuit de décharge est fermé, la matière active commence à emprunter de l'acide à l'électrolyte pour la formation du sulfate. La concentration décroît alors rapidement à l'intérieur des pores et cela jusqu'à ce que la différence de concentration entre l'acide extérieur et l'acide intérieur soit assez grande pour que l'égalisation des concentrations par diffusion compense la consommation d'acide.

Ainsi à chaque instant, la quantité d'acide qui se diffuse vers l'intérieur par unité de temps est égale à celle qui est absorbée.

----

[1] Assoc. des Ingénieurs électriciens II. 11, 1898. — *Electro-techn. Zeitschr.* 1898. p. 146.

En envisageant ainsi les choses, on peut établir facilement au moyen de la loi de diffusion de Fick, une relation entre la capacité et le régime du courant, qui possèdera tout au moins une valeur approximative pour les petites intensités.

Désignons la concentration de l'acide extérieur par c_e, la concentration variable dans les pores par c_i, nous pourrons poser que la quantité d'acide diffusé par seconde est, pour les petites différences, à peu près proportionnelle à la différence des concentrations $(c_e - c_i)$.

Cette quantité est encore proportionnelle au coefficient de diffusion D, à la section des pores s et inversement proportionnelle à la longueur des pores l. Nous obtiendrons ainsi pour la quantité d'acide diffusée par seconde dans les pores, l'expression :

$$S = \frac{D.s\,(c_e - c_i)}{l}\ .$$

La quantité d'acide S' utilisée pour le courant est évidemment proportionnelle au régime I et

$$S' = \text{constante I.}$$

Comme nous devons avoir pour l'équilibre $S = S'$

$$\text{Constante. I} = \frac{D.s\,(c_e - c_i)}{l}\ .\ .\ .\ .\ .\ .\ (56)$$

Lorsqu'on ferme le circuit de décharge, l'électrolyse commence sur les couches extérieures de la matière active, puis pénètre vers l'intérieur proportionnellement à la quantité d'électricité débitée. La profondeur des pores intéressée est proportionnelle à la quantité d'électricité (It).

$$l = \text{constante. It.}$$

Dans le cours de la décharge, la section des pores s diminue progressivement par le fait de la sulfatation de plus en plus avancée du peroxyde et du plomb spongieux (voir tableau 14, page 82, les volumes du sulfate, du peroxyde et du plomb). Cette variation de la section des pores est aussi proportionnelle à It. Si la section des pores au commencement de la décharge est s_0 au temps t elle devient :

$$s = s_0 - \text{Contante. } It.$$

A la fin de la décharge la force électromotrice est tombée de 0,20 volt environ et la différence de concentrations $(c_e - c_i)$ a atteint une certaine valeur, toujours la même pour une capacité déterminée, que l'on peut calculer facilement ; il suffit de savoir qu'à la fin de la décharge, $(c_e - c_i)$ pour toute mesure de capacité a une valeur constante.

La substitution de ce résultat et des valeurs précédentes de s et de l, dans l'équation (56) donne alors :

$$I^2 t + A.I.t = B,$$

équation dans laquelle A et B sont des constantes. La capacité étant $C = It$, on aura pour l'expression de la capacité au régime I l'équation :

$$C = \frac{B}{A + I},$$

équation identique à celle de Liebenow déduite des résultats expérimentaux (53).

La courbe ponctuée de la figure 18 donne les valeurs de la capacité calculées avec cette équation en faisant $A = 28,9$ et $B = 2632$.

La courbe calculée coïncide exactement pour les faibles intensités avec la courbe des valeurs mesurées. Les divergences qu'on remarque pour les intensités plus élevées, proviennent de l'inexactitude de la loi de diffusion de Fick quand on l'applique aux grandes différences de concentrations, telles que celles qui se présentent dans les décharges à fort régime.

Liebenow a traité le cas de la décharge à régime variable.

La quantité d'électricité C_t que l'on peut encore tirer d'un accumulateur, après une décharge d'une certaine durée au régime i peut être représentée par l'équation :

$$C_t = C_{max.} - \int_0^t i\, dt - \int_0^t dc_t,$$

$C_{max.}$ étant la capacité maximum que l'on obtiendrait par une décharge à régime très faible. Le terme $\int_0^t i\, dt$ est la quantité d'électricité obtenue au temps t. Le dernier terme $\int_0^t dc_t$ peut être considéré comme le contenu latent de l'accumulateur. Ce contenu latent existe, par le fait que la capacité maximum ne saurait être obtenue dans les décharges à fort régime; si l'accumulateur est abandonné quelque temps à lui-même, le contenu latent devient disponible. Après une décharge à très faible régime, cette quantité s'évanouirait. Le contenu latent dépend seulement du temps dt, pendant lequel le courant i a agi ; c'est une fonction $\varphi(i)$ (encore indéterminée) du régime du courant et en même temps une fonction $f(\tau)$ du temps qui s'est écoulé depuis le début de la décharge :

$$dc_t = \varphi(i).f(\tau)\, dt.$$

Nous aurons donc :

$$C_t = C_{max.} - \int_0^t [i + \varphi(i)f(\tau)]\, dt \quad . \quad . \quad (58)$$

Pour déterminer les fonctions $\varphi(i)$ et $f(\tau)$ nous pouvons nous servir de la relation empirique précédente (équation 54), obtenue pour les décharges à intensité constante. Pour une décharge complète à intensité constante, $C_t = 0$, i et $\varphi(i)$ sont constants et τ peut être remplacé par t, l'équation (58) devient alors :

$$0 = C_{max.} - it - \varphi(i) \int_0^t f(t)\, dt$$

ou

$$it = \frac{C_{max.}}{1 + \frac{\varphi(i)}{i}\frac{1}{t}\int_0^t f(t)\, dt}.$$

Présentée sous cette forme l'équation ressemble à la formule empirique (54). En identifiant les deux équations, il vient :

$$\frac{\varphi(i)}{i}\frac{1}{t}\int_0^t f(t)\, dt = a.t^{-0,5}$$

Posons

$$\frac{\varphi(i)}{i} = K$$

et

$$\int_0^t f(t)\, dt = \frac{a}{K}\, t^{0,5}$$

la différentiation donne

$$f(t) = \frac{a}{2K}\, t^{-0,5}$$

et comme t a été substitué à τ

$$f(\tau) = \frac{a}{2K\sqrt{\tau}}$$

La substitution des valeurs de $\varphi(i)$ et de $f(\tau)$ donne enfin :

$$C_t = C_{max.} - \int_0^t \left(1 + \frac{a}{2\sqrt{\tau}}\right) i\, dt \quad \cdot \quad \cdot \quad \cdot \quad \text{(59)}$$

dont les constantes peuvent être déterminées facilement avec l'équation (54) par des essais de décharge à régime constant. Si i était une fonction connue de t, l'intégration serait possible, mais comme il en est rarement ainsi en pratique, il faudra diviser la décharge en un grand nombre de décharges partielles à courant constant et calculer chacune d'elles.

Supposons qu'on désire utiliser l'équation, pour la détermination de la grandeur d'un élément, dans un cas particulier donné. On commencera par déterminer les constantes C_{max}. et a par décimètre carré des plaques qu'on veut employer. Pour une surface de n dm^2 C_{max}. sera n fois plus grand et a sera n fois plus petit.

Si les constantes du dm^2 sont C'_{max}. et a' on aura après décharge complète $C_t = O$:

$$O = n\, C'_{max}. - \int_0^t i\, dt - \frac{a'}{2n} \int_0^t \frac{i}{\sqrt{\tau}}.\, dt \quad . \quad . \quad (60)$$

en posant

$$\int_0^t i\, dt = B \quad \text{et} \quad \frac{a'}{2} \int_0^t \frac{i}{\sqrt{\tau}}.\, dt = C,$$

et en substituant dans l'équation, il vient :

$$n = \frac{1}{2}\frac{C}{A} + \sqrt{B + \frac{1}{4}\left(\frac{C}{A}\right)^2}$$

en faisant $C_{max}. = A$.

On obtient ainsi en dm^2 la surface des plaques de l'élément qui doit réaliser les conditions données.

c. — *Influence de l'épaisseur des plaques.* — Après les discussions précédentes on voit immédiatement que l'épaisseur de la matière active doit avoir une grande influence sur la capacité. Si la matière active est répartie en couche mince sur une grande surface, l'acide pourra pénétrer plus facilement dans l'intérieur que dans le cas d'une plaque épaisse présentant peu de surface. Les éléments qui contiennent des plaques minces auront par conséquent à poids égal une plus grande capacité que les éléments à plaques épaisses.

Liebenow a trouvé que l'influence de l'épaisseur des plaques est représentable approximativement par l'équation :

$$C = \frac{M'}{1 + a'I.d} ,$$

dans laquelle M' et a' sont des constantes, I le régime du courant et d l'épaisseur des plaques.

De même que l'équation (53), cette formule peut se déduire simplement de considérations sur les phénomènes de diffusion dans la matière active.

Malheureusement les plaques très minces, par suite de la pénétration profonde des effets du courant, n'ont qu'une durée éphémère et leur emploi est exclu de la pratique par cela même.

d. — *Influence de la densité de l'acide.* — L'influence de la densité de l'acide sur la capacité a d'abord été étudiée par Heim [1]).

Un élément Tudor et un élément de l'Electrical Power Storage Co (Julien, Huber) étaient remplis successivement avec des acides de densités différentes et chargés et déchargés plusieurs fois pour la mesure des capacités. Les résultats sont résumés sur la figure 19. Les densités d'acide étaient prises après décharge. La capacité monte avec la concentration de l'acide, atteint un maximum pour la densité de 1,1 (16 o/o) et décroît ensuite quand la concentration augmente.

Plus tard Earle [2]) a fait des essais analogues sur des

[1]) *Elektrotechn. Zeitschr.* X. H. 4. 1889.
[2]) *Zeitschr. f. Elektrochem.* II p. 519 1895-96.

plaqùes de 6 mm. et 10 mm. d'épaisseur. La fig. 20 résume les résultats obtenus.

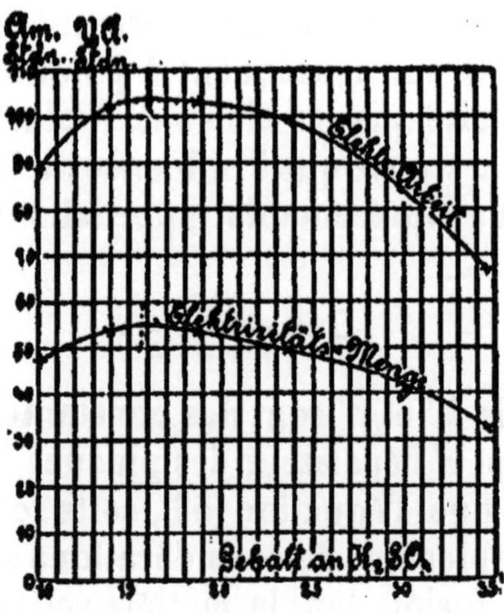

Figure 19

Elektr. Arbeit,	Travail électrique
Elektricitäts-Menge	Quantité d'électricité
Gehalt au H_2SO_4	Teneur en SO^4H^2

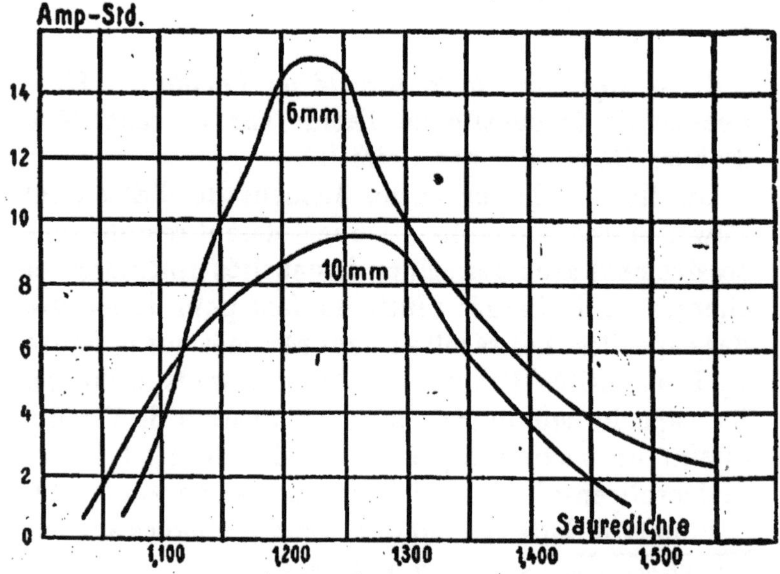

Figure 20

Amp. Std.	Ampères-Heure
Säuredichte	Densité d'acide

La capacité maxima dans les mesures de Earle apparaît d'une façon évidente pour la densité 1,22 à 1,27 (30 à 34 o/o) c'est-à-dire pour une densité plus élevée que dans les mesures de Heim. Cette divergence est due probablement à la façon d'opérer des deux observateurs. Earle faisait la décharge immédiatement après la charge tandis que Heim laissait un intervalle de 15 à 18 heures de repos entre la charge et la décharge. Quand l'acide contient plus de 20 o/o SO^4H^2, la capacité, d'après les mesures de Heim, diminue par le fait de la sulfatation qui survient pendant l'intervalle laissé entre la charge et la décharge, (voir chapitre X) et d'autant plus que l'acide est plus concentré.

Schenek a aussi remarqué que la capacité d'un accumulateur était la plus grande quand la densité d'acide était 1,22 à 1,25.

Comment peut-on expliquer théoriquement la variation de capacité provoquée par la variation de la densité d'acide ? D'après les conclusions du chapitre VIII, on devrait s'attendre à voir monter la capacité avec la densité de l'acide. Pour une forte concentration (plus de 40 o/o) il est vrai que la décharge spontanée et la sulfatation doivent entraîner une baisse de capacité, mais ces causes ne suffiraient pas à donner la raison de la forte déclivité de la courbe au-dessus de la densité 1.22. On comprendra plus facilement le maximum de capacité de la façon suivante.

Au commencement de la décharge, les lignes de courant pénètrent tout d'abord surtout les couches extérieures de la matière active où elles rencontrent la moindre résistance. Comme la polarisation de concentration se produit sur les couches extérieures, les lignes du courant pénètrent dans la matière à une distance telle que la chute de potentiel (IR) qui se produit dans les pores, est égale à la polarisation présente aux couches extérieures. Il faut qu'il en soit ainsi, car la matière active conduit métalliquement et par conséquent l'intérieur des pores est au même potentiel que l'extérieur. Quand la polarisation a atteint 0,2 volt sur les couches extérieures, la différence de potentiel de l'accumulateur est tombée également de 0,2 volt et la décharge est interrompue. Les lignes du courant auraient donc pénétré dans la matière active, assez loin pour que la chute de potentiel dans les pores, c'est-à-dire le produit de l'intensité du courant par la résistance (IR) ait atteint cette même valeur de 0,2 volt. La résistance des pores ne dépend que de la conductibilité de l'acide sulfurique qu'ils contiennent et le produit IR atteindra d'autant plus tard la valeur de 0,2 volt et par conséquent la capacité sera d'autant plus grande que l'acide qui remplit les pores aura meilleure conductibilité.

On sait que la conductibilité de l'acide sulfurique augmente d'abord avec la concentration, qu'elle atteint un maximum pour 30 o/o SO^4H^2 (Densité 1,224) puis décroît ensuite. Après les considérations précédentes, le maximum de capacité doit avoir lieu pour la densité de 1,224, ce qui est parfaitement conforme aux résultats expérimentaux que nous avons vus plus haut.

e. — *Influence de la température.* — Les développements précédents font comprendre facilement comment la conductibilité de l'électrolyte influe sur la valeur de la capacité d'un accumulateur ; on voit immédiatement que la température aura une grande influence sur la capacité puisque la conductibilité est essentiellement variable avec ce facteur. D'après les mesures de F. Kohlrausch, la conductibilité de l'acide à 20 o/o augmente de 1,5 o/o pour une élévation de température de 1 degré.

La capacité doit par suite augmenter très rapidement quand la température s'élève, d'autant plus que
la diffusion est favorisée par l'élévation de la tempé-

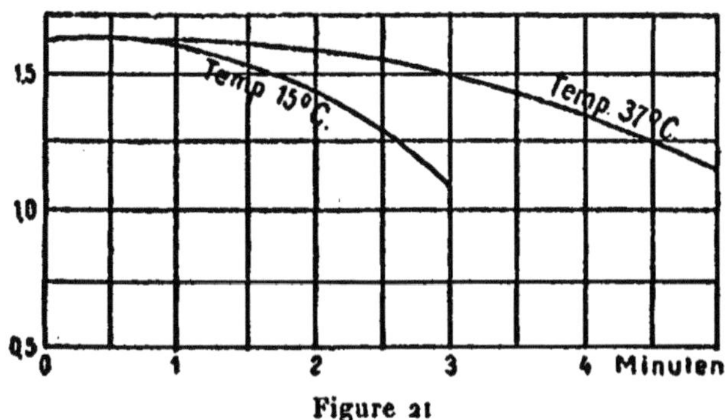

Figure 21

rature. La figure 21 donne les courbes de décharge
d'un élément à 15 et à 37 degrés [1]).

L'élément avait été déchargé sur une résistance
constante de sorte que l'intensité du courant était sensiblement proportionnelle à la différence de potentiel.
Pour une élévation de température de 22°, la capacité
augmentait de 5o o/o environ ; l'influence de la température est donc d'après cela extrêmement grande.

L'élévation de la force électromotrice provoquée
par l'augmentation de température est si faible pour
les densités d'acide usuelles que son influence sur la
capacité est sans importance.

---

[1]) Gladstone et Hibbert. — *Electrotechn. Zeitschr.* 1892 p. 436.

XIII

Rendement.

Nous avons vu dans le chapitre précédent comment variait la capacité d'un accumulateur avec les régimes et avec les conditions extérieures. Reste à savoir quel est le rapport de la quantité d'électricité restituable par décharge à celle qui a été fournie en charge ainsi que le rapport de l'énergie électrique utilisable pendant la décharge à l'énergie électrique dépensée pendant la charge.

Il faut distinguer ces deux rapports. Le premier qu'on appelle « Rendement en quantité » [1] s'exprime par le quotient de la quantité d'électricité obtenue à la décharge par celle qui a traversé l'élément pendant la charge. Désignons par G le rendement en quantité, par $I_{ch.}$ et $I_{déch.}$ les intensités de courant en charge et en décharge, par $t_{ch.}$ et $t_{déch.}$ les durées de la charge et de la décharge :

$$G = \frac{I_{déch.}\, t_{déch.}}{I_{ch.}\, t_{déch.}},$$

ou bien si le régime du courant est variable,

$$G = \frac{\int_o^{t\,déch.} I_{déch.}\, dt}{\int_o^{t\,ch.} I_{ch.}\, dt}.$$

G est toujours plus petit que 1. Les rendements en quantité qu'on obtient en pratique, dans le cas d'une

---

[1] Wirkungsgrad.

charge rationnelle, sont de 0,94 à 0,96. Cette perte de
4 à 6 o/o de quantité d'électricité est due à la décharge
de l'accumulateur sur lui-même et au dégagement des
gaz difficile à éviter dans les charges à fort régime.

Le rendement en quantité tombe peu avec l'accroissement de la densité de l'acide et du régime. Aux très
forts régimes une portion notable du courant est consommée à produire des gaz. L'importance de la perte
par dégagement gazeux est conditionnée par la pureté
des produits employés dans la construction de l'accumulateur ; la présence d'un sel de platine dans l'acide
peut faire tomber le rendement en quantité au dessous de 0,3.

Le rapport de l'énergie électrique utilisable dans le
circuit de décharge à l'énergie électrique dépensée
entre les bornes de l'accumulateur pendant la charge
est appelé « Rendement en énergie » [1]. Il a beaucoup
plus d'importance dans la pratique que le rendement
en quantité.

Désignons par $e_{ch.}$ et $e_{déch.}$ les différences de potentiel de charge et de décharge, le rendement en énergie
sera :

$$R = \frac{\int_0^{t\,déch.} e_{déch.}\, I_{déch.}\, dt}{\int_0^{t\,ch.} e_{ch.}\, I_{ch.}\, dt},$$

ou si la charge et la décharge sont faites à un même
régime constant,

$$R = \frac{\int_0^{t\,déch.} e_{déch.}\, dt}{\int_0^{t\,ch.} e_{ch.}\, dt}.$$

Les valeurs de ces intégrales sont représentées par

[1] Nutzeffekt.

la surface comprise entre la courbe de charge et de décharge et les axes de coordonnées (voir figure 7). Le rapport des surfaces sera le rendement en énergie et leur différence c'est-à-dire la surface comprise entre les deux courbes exprimera la perte d'énergie liée au fonctionnement de l'accumulateur.

Le rendement en énergie est généralement de 0,75 à 0,85 (75-85 o/o) bien que la décharge restitue presque toute la quantité d'électricité fournie à la charge. La perte d'énergie est donc presque exclusivement attribuable à la différence des voltages de charge et de décharge c'est-à-dire aux polarisations de concentration qui surviennent aux électrodes. La chute de potentiel due à la résistance intérieure est extrêmement faible à cause de la petitesse de cette quantité. Elle n'excède pas 3 o/o pour les densités d'acide usuelles et les régimes normaux.

La chaleur qui apparaît dans l'élément ne se produit par conséquent pas sous forme de chaleur de Joule, mais comme chaleur de mélange d'acides de diverses concentrations.

Le mélange des acides de différentes concentrations se fait surtout par diffusion, par convection et en partie notamment après l'ouverture du courant, par des courants de concentration tels que ceux qui ont été examinés (page 63).

Pour avoir une donnée sur l'influence que les régimes et les densités d'acide exercent sur la perte d'énergie, nous envisagerons surtout le mélange des concentrations provoqué par les courants locaux de concentration. Le travail dépensé pour la production de différences de concentration doit être égal au travail que peuvent fournir les courants locaux pendant l'égalisation des concentrations.

La perte d'énergie ε dans l'accumulateur sera équivalente à la quantité de chaleur produite par les courants de concentration, nous poserons donc :

$$\varepsilon = i^2 w t \text{ voltcoulombs,}$$

i étant la somme des intensités de courant, w la somme des résistances et t la valeur en secondes de la durée d'action de tous les courants de concentration.

La résistance w se compose de la résistance de la matière des plaques et de celle de l'acide contenu dans ses pores ; comme l'une est négligeable par rapport à l'autre nous poserons :

$$w = \frac{\gamma}{K},$$

γ étant un facteur caractéristique des pores et K la conductibilité moyenne de l'acide dans la matière active. Il vient ainsi :

$$\varepsilon = \gamma \frac{i^2 t}{K} \text{ voltcoulombs.}$$

Si maintenant pour une valeur constante du courant de l'accumulateur, la force électromotrice est constante, la dépolarisation des concentrations sera également constante, c'est-à-dire que par les courants de concentration locaux, l'acide sera détruit ou créé aussi vite que consommé ou formé par le courant de l'accumulateur.

Comme la vitesse de dépolarisation de concentration est proportionnelle à i et que la vitesse de formation d'acide est proportionnelle au régime de l'accumulateur I et que pour un état statique ces deux vitesses doivent être égales, i^2 sera proportionnel à I^2. Introduisons C comme facteur de proportionnalité, la perte d'énergie deviendra :

$$\varepsilon = C \frac{\gamma}{K} I^2 t \text{ voltcoulombs.}$$

Cette formule exprime la perte d'énergie en fonction des propriétés mécaniques des plaques (γ), de la conductibilité de l'acide, du régime et du temps.

Comme l'acide des plaques est plus concentré pendant la charge et plus dilué pendant la décharge que l'acide extérieur, ε serait minimum en charge en employant de l'acide un peu plus étendu que celui qui possède la meilleure conductibilité et en décharge au contraire en employant de l'acide plus concentré. Pour des régimes de charge et de décharge à peu près semblables, l'accumulateur travaillera par conséquent avec le rendement en énergie maximum, s'il est rempli avec de l'acide de conductibilité maxima, c'est-à-dire à 3o,4 o/o SO^{4}H^2 (densité 1,224).

La conductibilité de l'électrolyte a donc la même importance pour le rendement en énergie que pour la capacité. Les expériences de Heim montrent que le maximum de rendement a lieu presque en même temps que le maximum de capacité (courbes de la figure 19); le maximum se présente il est vrai pour de l'acide à 22 o/o (densité prise dans l'élément déchargé), mais ceci peut s'expliquer par le temps de repos intercalé entre la charge et décharge (page 137).

D'après les mesures de Earle, le maximum de rendement semble être sensiblement à 3o o/o d'acide (figure 20). Il en est de même dans les expériences de Schenck.

Les considérations de la page 138 donnent immédiatement l'explication de l'influence de la conductibilité de l'acide sur le rendement en énergie.

Les lignes du courant pénètreront d'autant plus loin dans le sein de la matière active que l'acide conduira mieux. Elles peuvent s'étendre sur la surface maxima quand on emploie l'acide le plus conducteur et la polarisation est minima. On s'explique encore simplement par l'accroissement ou la diminution de la conductibilité K, l'amélioration du rendement par l'élévation de température et la perte de rendement par l'addition de substances mauvaises conductrices dans l'acide, telles que la silice gélatineuse.

Des mesures faites sur différents types d'accumulateurs ont montré par exemple que la conductibilité de l'acide est diminuée presque de la moitié de sa valeur par la présence de silice. D'après notre formule, la perte d'énergie dans un accumulateur contenant de l'acide gélatineux est deux fois plus grande que dans un accumulateur contenant de l'acide pur. D'après les mesures de Schoop mentionnées dans son traité « Die Sekundärelemente » la différence entre le travail de charge et celui de décharge sur un accumulateur Öerlikon est de 51,04 watts-heure dans le cas de l'acide pur et de 101,5 watts-heure dans le cas d'acide gélatineux, soit presque le double. Des mêmes mesures on déduit $I^2 t = 4134$ dans le premier cas et 4017 dans le second. D'après notre formule la perte d'énergie devrait être $2.4017/4134 = 1,95$ fois plus grande pour l'acide gélatineux que pour l'acide pur et les mesures ont donné 1,98.

Pour avoir une idée exacte de la relation entre la perte d'énergie et le régime du courant, il faudrait faire intervenir dans le calcul la diminution de section des pores comme à la page 131.

Pour une première approximation on peut considérer le facteur $\frac{\gamma}{K}$ comme indépendant de I et poser pour la perte de travail :

$$\varepsilon = CI^2 t \quad (C = \text{constante}).$$

Si l'on choisit C de façon que la perte en chaleur de Joule également proportionnelle à $I^2 t$ soit comprise, la formule donne la perte totale d'énergie dans l'accumulateur, abstraction faite seulement de la perte très faible due à la décharge locale et au dégagement gazeux.

La perte d'énergie peut ainsi être évaluée en première approximation proportionnelle au carré de l'intensité du courant, comme si elle était causée par une plus grande résistance intérieure.

Le tableau 18 contient les vérifications de cette relation; les mesures se rapportent à une batterie Tudor et à une batterie Correns. Les premières sont dues à Berner, Conz, Peukert et Voller, les autres à Germershausen, Heim, Kohlrausch et Seifert. La colonne 5 contient la valeur de C déduite de la formule. Pour le calcul de C on prenait 3 mesures successives pendant lesquelles I n'était pas trop différent. La valeur de C est si constante pour les deux batteries que l'on peut faire le calcul avec une seule mesure bien que I^2 varie de 1 à 4. Le plus fort écart des 2 valeurs de la batterie Correns est dû à quelque erreur de mesure; le rendement de 0,91 o/o est d'aileurs anormal.

Pour donner un aperçu de l'approximation avec laquelle le rendement peut se déduire du régime en se servant de la constante, la dernière colonne du tableau 18 contient le rendement en énergie calculé avec la constante moyenne (0,0017 pour la batterie Tudor, 0,00085 pour la batterie Correns), en regard des rendements observés.

On remarquera encore que la propriété du plomb spongieux et du peroxyde de bien conduire métalliquement rend possible une extension des lignes de courant sur une très grande surface et permet à l'accumulateur d'être soumis à des régimes élevés. Les éléments galvaniques qui travaillent avec un dépolarisant solide difficilement soluble ne peuvent fournir de forts courants que si ce dépolarisant est un corps conduisant bien métalliquement. Les éléments à oxyde de cuivre ou à bioxyde de manganèse conducteur peuvent être soumis à de plus fortes densités de courant sans se polariser, que l'élément (Clark-Calomel) qui contient un sel de mercure non conducteur, bien que le sulfate de mercure et le chlorure de mercure soient beaucoup plus solubles que MnO^2 et CuO. La conductibilité métallique est indispensable pour la construction d'un élément dont la matière active est solide et peu soluble.

TABLEAU 18

	Durée de l'essai en heures	Régime moyen du courant en Amp.	Watts-heure	C	Rendement		
					mesuré	calculé	
Charge.........	5,4	134,3	1670				
Décharge.......	4,5	152,7	1320	0,0019	0,76	0,70	
Charge.........	5,5	139,6	1800				
Charge.........	4,37	175	1830				Batterie Tudor
Décharge.......	3,45	195	1280	0,0017	0,75	0,75	
Charge.........	3,83	179,3	1600				
Décharge.......	2,0	311	1130				
Charge.........	2,38	292	1720	0,0015	0,65	0,61	
Décharge.......	2,0	302	1110				
Charge.........	6,30	157	2170				
Décharge.	6,03	154,7	1850	0,0009	0,87	0,88	
Charge.........	6,00	155	2060				
Charge.........	4,78	178,8	1910				Batterie Correns
Décharge.......	4,60	196,7	1780	0,0005	0,91	0,86	
Charge.........	4,90	183,4	1990				
Charge.........	2,63	300	1570				
Décharge.......	2,70	316,5	1950	0,0008	0,78	0,77	
Charge.........	2,43	318	1500				

XIV

Phénomènes de formation.

L'allure de la charge et de la décharge étudiée au chapitre VIII se rapporte à l'état définitif de l'accumulateur. Nous examinerons ici les phénomènes de formation. Il faut distinguer la formation dite *Planté* dans laquelle la matière active est formée aux dépens du plomb support, de la formation *Faure* dans laquelle le plomb spongieux et le peroxyde proviennent d'un empâtage du support.

a. — *Formation Faure.* — Les plaques Faure sont obtenues en faisant une pâte d'oxyde de plomb et d'acide sulfurique dilué (ou de sulfate de soude ou de sulfate de magnésie en solution acide) qu'on rapporte sur un support en plomb à grille ou à augets. En quelques heures l'acide s'unit à l'oxyde de plomb en formant du sulfate basique qui durcit la pâte en la liant. La pâte dure ainsi préparée est un mélange de sulfate basique, de sulfate neutre et d'oxyde non transformé. Si au lieu de litharge on prend du minium ou un mélange des deux oxydes, la pâte contiendra du peroxyde formé selon l'équation :

$$Pb^3O^4 + 2\,SO^4H^2 = PbO^2 + 2\,SO^4Pb + 2\,H^2O.$$

Avec de l'acide glycériné on formerait encore du glycérate de plomb.

Pour transformer le sulfate de plomb en plomb spongieux ou en peroxyde, les plaques sont soumises à l'action du courant dans l'acide sulfurique dilué ou dans des solutions acides de sulfate de soude ou de sulfate de magnésie.

Voyons quelles sont les conditions favorables à cette transformation, d'abord pour l'électrode plomb spongieux. Il s'agit de séparer les ions plomb du sulfate de plomb que la pâte fournit. L'expérience indique que la réduction électrolytique avec des courants intenses fournit une grande quantité d'hydrogène libre. Il y a donc une partie du courant inutilisée et employée à l'électrolyse de l'eau. Ce fait s'explique de la façon suivante. Au commencement de l'électrolyse, il y a dans le voisinage immédiat du plomb conducteur, une solution saturée de sulfate de plomb. A cause du voltage élevé nécessaire pour produire de l'hydrogène sur le plomb (voir page 12) il n'y a d'abord pas d'hydrogène séparé, mais du plomb.

Le potentiel de l'électrode, d'après la théorie osmotique, est donné par l'expression (page 38) :

$$\epsilon_p = \frac{RT}{2} L. \frac{C_p}{\left[\overset{++}{Pb}\right]},$$

C_p étant la tension de dissolution du plomb spongieux et $\left[\overset{++}{Pb}\right]$ la concentration des ions plomb dans la solution de sulfate. Si nous électrolysons avec un fort courant, les ions plomb dans le voisinage du conducteur sont déposés plus vite qu'ils ne passent en solution, la texture grenue du sulfate de la pâte ne permettant qu'une dissolution lente. Il s'ensuit que la concentration des ions plomb diminue et que ϵ_p s'accroît. Cet accroissement du potentiel de la catode durera jusqu'à ce que ϵ_p ait atteint la valeur nécessaire pour la production d'hydrogène sur une surface de plomb [1]). A partir de ce moment des ions hydrogène

---

[1]) Cette valeur mesurée avec une électrode à hydrogène est de 0,04 volt (page 109).

se séparent à côté des ions plomb et on a pour l'hydrogène l'équation :

$$\varepsilon'_p = \frac{RT}{2} L. \frac{C_h}{\left[\overset{+}{H}\right]}.$$

C_h est la tension de dissolution de l'hydrogène sur une surface de plomb [1]) et $\left[\overset{+}{H}\right]$ la concentration des ions hydrogène dans l'électrolyte.

Si le plomb et l'hydrogène sont séparés en même temps $\varepsilon_p = \varepsilon'_p$. Si nous voulons, que le moins possible d'hydrogène soit libéré, il faut que ε'_p soit plus grand que ε_p, c'est-à-dire qu'il faut diminuer le plus possible la valeur de $\left[\overset{+}{H}\right]$ et faire $\left[\overset{++}{Pb}\right]$ le plus grand possible. Nous pouvons facilement réaliser la première condition en prenant comme électrolyte, une solution de sulfate neutre, au lieu d'acide sulfurique, qui contient peu de ions $\overset{+}{H}$. L'expérience a d'ailleurs montré depuis longtemps que la formation en solution neutre est plus rapide que dans l'acide sulfurique. Les électrolytes qu'on peut employer sont les solutions de sulfate de soude, de sulfate de potasse, de sulfate de magnésie, de sulfate d'alumine, etc... Les sulfates alcalins sont pourtant peu recommandables, parce que l'alcali libéré à la catode transforme le sulfate en hydrate et ramollit la pâte. Meilleur est l'emploi de solution de sulfate de magnésie ou de sulfate d'alumine qui fournissent à la catode un hydrate gélatineux inerte et qui se redissout dans l'acide libre. La théorie indique donc immédiatement les électrolytes favorables que la pratique a depuis longtemps choisis.

---

[1]) Beaucoup plus grande sur une surface de plomb que sur une surface de platine (page 12).

La seconde condition pour accélérer la formation,
soit l'augmentation de la concentration des ions $\overset{++}{Pb}$,
ne peut être réalisée par l'emploi de sulfates.

On peut seulement diminuer l'appauvrissement des
ions $\overset{++}{Pb}$ en augmentant la solubilité du sulfate de
plomb. Ceci est possible par l'addition d'un ion qui
forme avec les ions plomb un sel faiblement dissocié ;
par exemple le ion $\overline{(CH^3COO)}$ de l'acide acétique.
En ajoutant de l'acétate de soude à une solution de
sulfate de plomb, les acétions se combinent aux ions
plomb jusqu'à ce que l'acétate de plomb non dissocié formé, soit en équilibre de dissociation avec les
ions plomb présents. La solution ne s'enrichit pas en
réalité en ions plomb, mais en sel de plomb et l'acétate
de plomb est pour ainsi dire un réservoir de ions
plomb, qui libère ces ions par dissociation quand leur
concentration a été amoindrie par l'électrolyse. L'expérience montre aussi que la formation est accélérée
par la présence d'acétate de soude. Au lieu d'acétions
on peut prendre tous les ions d'acides faibles dont le
sel de plomb est soluble. Malheureusement l'utilisation pratique de cet artifice est prohibée à cause de
la difficulté de l'élimination des dernières traces de
l'adjuvant, qui sont plus tard une cause de détério-
ration des plaques.

Passons maintenant à la formation des plaques
positives. Il s'agit de trouver les conditions les plus
favorables à la séparation des ions peroxyde en évi-
tant la séparation de l'oxygène. Le meilleur moyen
consistera à élever la concentration des ions PbO^2 qui
est extrêmement faible.

L'équation 11 (page 35) donne la concentration des
ions PbO^2 en fonction de celle des ions plomb et de
celle des ions hydrogène :

$$\left[\overset{--}{PbO^2}\right] = \text{constante}\ \frac{\left[\overset{++++}{Pb}\right]}{\left[\overset{+}{H}\right]^4}.$$

Pour dònner à $\left[\overset{--}{PbO^2}\right]$ une grande valeur, il faut prendre un faible titre d'acide ou mieux une solution neutre de sulfate de magnésie ou de sulfate d'alumine.

L'importance du titre d'acide est ici beaucoup plus grande que pour la séparation du plomb, car la concentration des ions peroxyde est inversement proportionnelle à la quatrième puissance de la concentration des ions $\overset{+}{H}$.

Par l'emploi de solutions neutres pour la formation des plaques Faure, l'acide libéré pendant la formation sera neutralisé facilement par de l'oxyde de magnésium ou d'aluminium.

Pour la pratique la structure et les propriétés de la matière active ont plus d'importance que l'utilisation rationnelle du courant de formation.

b.— *Formation Planté.*— Quels sont les phénomènes qui se produisent sur les électrodes pendant la formation Planté ? Cette méthode de formation consiste comme on sait à transformer, en électrolysant l'acide sulfurique dilué, la surface lisse d'une plaque de plomb en peroxyde ou en plomb spongieux. Planté a donné lui-même la méthode suivante. On change le sens du courant de 2 piles Bunsen, six à huit fois le premier jour en laissant croître la durée de la charge de 1/4 d'heure à une heure. Après chaque charge on décharge l'élément. On laisse alors l'élément chargé dans un certain sens, au repos jusqu'au jour suivant. On continue ensuite les opérations en augmentant constamment la durée de la charge et des repos. Quand l'élément a atteint un maximum de capacité on cesse les inversions du courant et on fait des charges et décharges successives. Pendant la charge il n'y a d'abord pas de dégagement gazeux ; quand il s'en produit, c'est que la charge est terminée.

La nécessité des changements de sens du courant est compréhensible car le plomb n'est attaqué que s'il sert d'anode et comme il faut former les deux électrodes, il faut nécessairement changer le sens du courant. A priori il semble incompréhensible que la formation s'accélère en laissant l'élément chargé au repos.

Cet énigmatique effet du repos est expliqué par les recherches de Gladstone et Tribe. Pendant le repos le peroxyde qui recouvre le plomb sous-jacent constitue avec lui un petit élément local fermé, dans lequel le plomb et le peroxyde sont transformés en sulfate (Equation 1). Le courant de charge trouve après le repos une plus grande quantité de sulfate à transformer en peroxyde que dans la charge précédente. De même la décharge est favorable à l'attaque, le plomb recouvert de peroxyde devenant libre. Il est avéré qu'une plaque de plomb ne peut être attaquée complètement par une simple électrolyse, le plomb étant protégé contre l'attaque du courant par une couche de peroxyde conduisant métalliquement.

La seule méthode à suivre pour conduire la formation avec la moindre dépense d'énergie et de temps, consiste à diminuer la séparation des ions peroxyde. On peut y parvenir de deux façons : soit en appliquant sur l'élément un voltage assez faible pour que les ions PbO^2 ne soient pas séparés, soit en ajoutant à l'acide un sel ou un acide dont l'anion soit séparé plus facilement (sous un voltage limité) que les ions peroxyde.

Le premier moyen est facile à réaliser, si pendant la

formation, le voltage ne dépasse pas 2 volts [1]) c'est-à-dire la valeur de la force électromotrice de l'accumulateur pour la densité d'acide usuelle. Mais le plus simple et le plus sûr pour remplir cette condition sera de mettre la plaque à former en court-circuit avec une électrode positive d'accumulateur dans l'acide dilué.

L'énergie dégagée sur l'électrode lors de la transformation du peroxyde en sulfate ne suffit plus avec les pertes de tension qui se produisent à reformer du peroxyde sur la plaque de plomb, de sorte que le plomb se transforme seulement en sulfate et ce dernier ne conduisant pas métalliquement ne peut protéger le plomb contre une attaque plus profonde; la formation avec cette disposition se fait cependant avec le maximum de tension et d'intensité.

Si on a soin de chauffer l'électrolyte vers 40 à 60° C pour que l'acide puisse se diffuser rapidement au travers de la couche de sulfate, on réussit à former une quantité de sulfate proportionnelle à la quantité d'électricité qui a traversé l'élément et ce sulfate se transformera ensuite par une seule charge à plus haut potentiel, en peroxyde ou en plomb spongieux.

La formation dans ce cas, comme j'ai pu m'en convaincre, suit la loi de Faraday et elle est extrêmement rationnelle ; elle a en outre cet avantage que les plaques ne sont souillées par aucune impureté dangereuse. On peut ainsi former complètement une feuille de plomb de 0,3 mm. d'épaisseur en 36 heures.

Le second moyen d'accélérer la formation consiste en une addition à l'acide, d'anions qui sous un faible voltage sont séparés plus facilement que les ions peroxyde. Il y a un grand nombre de méthodes de formation Planté rapide basées sur ce principe. L'acide

----

[1]) D. R. P. Nr. 9166, von Ch. Pollak, Frankfurt.

acétique et les acétates, l'acide tartrique et les tartrates, l'acide oxalique, l'acide sulfureux et ses sels ainsi que les chlorures, nitrates, chlorates, perchlorates fournissent des anions facilement séparables.

Tous ces produits, dont le nombre n'est pas limité, ont pour effet de diminuer la production du peroxyde et de favoriser la formation du sulfate dont la présence n'arrête pas les progrès de la formation. En réalité ils accélèrent tous plus ou moins la formation. Malheureusement les dernières traces sont difficiles à éliminer des plaques et compromettent leur durée.

Il semble que l'emploi de l'acide perchlorique [1]) ou de l'acide sulfureux n'a pas de conséquences dangereuses.

XV

Méthodes de mesure [2]).

La meilleure façon de justifier les conclusions théoriques consiste à les éprouver par des mesures exactes. Il sera donc précieux pour toutes nos considérations précédentes, d'avoir été établies sur des résultats de mesures exacts, cités explicitement. Pour ne pas détruire l'enchaînement théorique, nous avons laissé de côté jusqu'ici la description des méthodes de mesure. A cause de l'importance qu'elles possèdent dans

---

[1]) D.R.P. Mr. 90446. von L. Lucas in Hagen.
[2]) Pour les particularités des méthodes de mesure je renvoie le lecteur à l'ouvrage classique : *Leitfaden der praktischen Physik* von F. Kohlrausch.

les travaux scientifiques consacrés à l'accumulateur, il est nécessaire de les examiner maintenant.

Dans l'étude d'un accumulateur, il y a lieu de déterminer la *force électromotrice*, la *différence de potentiel aux bornes*, la *capacité*, le *rendement* et la *résistance intérieure* et non seulement pour l'accumulateur total mais aussi pour chaque électrode en particulier et en tenant compte de toutes les conditions de variation du régime, de la température, de la concentration de l'électrolyte, etc…

a. — *Mesure de la force électromotrice et de la différence de potentiel aux bornes.* — Cette mesure se fait le plus simplement par lecture directe d'un voltmètre de précision tel que ceux qui sont construits par la Compagnie Weston, Siemens et Halske (Berlin), Hartmann et Braun (Frankfurt), Kaiser et Schmidt (Berlin).

Comme l'accumulateur se polarise en débitant et que la chute de potentiel due à la résistance intérieure peut avoir une valeur appréciable, il faut que l'instrument ait une grande résistance (plus de 100 ohms). La précision de la mesure avec ces voltmètres dépasse rarement quelques millièmes de volt.

On obtient une précision beaucoup plus grande (jusqu'à un millième de volt) avec un galvanomètre à torsion de Siemens, appareil peu pratique cependant que les perturbations magnétiques extérieures influencent. Si l'on désire une précision encore plus grande ou si l'on a un très petit élément à grande résistance intérieure à essayer, on fera les mesures avec un galvanomètre à miroir étalonné ou par une méthode de compensation. Les galvanomètres à miroir à circuit fixe et magnétisme variable fournissent la plus haute précision, mais les galvanomètres à magnétisme constant et circuit mobile (galvanomètres

Deprez d'Arsonval) ont l'avantage d'être insensibles aux perturbations magnétiques extérieures.

On intercale dans le circuit du galvanomètre une clef de contact et une résistance de réglage avec laquelle on s'arrange pour avoir une déviation de 250 mm. environ pour 2 volts. Avec les galvanomètres à miroirs usuels, la résistance du circuit doit être de 10^4 à 10^5 ohms. On compare alors la déviation qui correspond à la force électromotrice qu'on veut mesurer à la déviation correspondant à la force électromotrice d'un élément étalon (Clark ou Weston).

Désignons par E_e la force électromotrice de l'élément étalon et par E_x la force électromotrice à mesurer et les déviations galvanométriques par a_e et a_x :

$$E_x = E_e \; \frac{a_x}{a_e}.$$

Cette équation a pour condition que la résistance intérieure de l'élément soit négligeable par rapport à la résistance du circuit ; il en est toujours ainsi pour l'accumulateur mais non pour l'élément étalon à cause de la formation de croûtes cristallines dont la résistance peut atteindre quelques millièmes d'ohm et plus. Dans ce cas on élimine l'influence de la résistance intérieure en ne faisant pas la déviation correspondant à chaque élément en particulier, mais en groupant les éléments alternativement en série et en opposition. Si les déviations sont a_1 pour le groupement en série et a_1 pour le groupement en opposition on a :

$$E_x = E_e \; \frac{a_1 + a_1}{a_1 - a_1}.$$

La méthode de mesure la plus précise et la plus sûre de la force électromotrice est la méthode de compensation de Poggendorff. Deux petits accumulateurs

de quelques ampères-heure de capacité sont fermés sur
une boîte de résistance de 11000 ohms. Après la résistance 4000 ohms et sur une borne extrême de la
boîte est placée la dérivation de compensation (fig. 22)

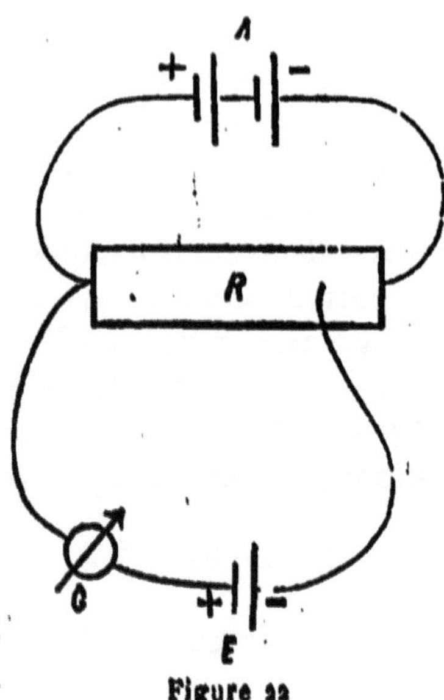

Figure 22

qui contient l'élément à mesurer et un galvanomètre
à miroir ou un électromètre capillaire, pour indiquer
l'invariabilité du zéro. On modifie la résistance jusqu'à ce que le galvanomètre ne dévie plus. Soit W_e la
valeur de la résistance quand l'élément étalon est en
circuit et W_x la résistance correspondant à l'élément
à mesurer :

$$E_x = E_e \frac{W_x(4000 + W_e)}{W_e(4000 + W_x)}$$

La méthode de compensation présente sur les précédentes l'avantage de faire la mesure presque à circuit
ouvert et d'éliminer ainsi l'influence de la résistance
intérieure ; elle doit être considérée comme la plus
parfaite et c'est celle qu'il faut employer pour les me-

sures de précision ; la plupart des mesures mentionnées dans les chapitres précédents ont été faites par cette méthode.

On n'a pas encore de bonne méthode de mesure de la force électromotrice d'un élément pendant le passage du courant. On a essayé d'interrompre le courant avec un diapason en vibration et de faire la lecture sur un instrument de mesure branché aux bornes de l'accumulateur. Les résultats obtenus dépendent du temps écoulé entre la rupture du circuit et l'amortissement de l'index ; ils n'ont par conséquent aucune valeur. Le seul moyen d'avoir la force électromotrice pendant le passage du courant consiste à mesurer la résistance intérieure par une des méthodes décrites plus loin pour l'élément à circuit fermé, à calculer IR et déduire la valeur de la force électromotrice avec les équations 48 et 49 (page 84).

Les méthodes précédentes permettent de mesurer avec la précision qu'on désire la force électromotrice ou la différence de potentiel aux bornes de l'accumulateur total. Pour l'étude complète d'un accumulateur, il faut encore mesurer le potentiel ou les variations du potentiel de chaque électrode séparément. Pour cela on introduit dans l'accumulateur une troisième électrode (électrode auxiliaire) et on mesure le potentiel de chaque électrode par rapport à celle-ci.

b. — *Electrodes auxiliaires.* — Lorsqu'il s'agit de mesures peu précises comme par exemple la détermination de la capacité de chaque électrode d'un accumulateur, on peut prendre un bâton de zinc amalgamé de 10 cm. de longueur environ et de 1 cm. d'épaisseur. Le bâton de zinc est relié à l'une des bornes du voltmètre et plonge dans l'acide sulfurique, l'autre borne du voltmètre est reliée à l'électrode qu'on veut mesu rer. On peut remplacer le zinc par du cadmium amalgamé qui est attaqué plus lentement par l'acide et conserve un potentiel plus constant. La différence de potentiel entre le zinc et le peroxyde de plomb est pour l'acide usuel de 2,41 volts environ et de 0,40 volt entre le zinc et le plomb spongieux. Pour le cadmium-peroxyde, elle est de 2,17 volts et pour le cadmium-plomb spongieux de 0,16 volt.

Le potentiel de l'électrode zinc ou cadmium dans l'acide dilué varie de quelques centièmes de volt à cause de la concentration variable du sulfate de zinc ou du sulfate de cadmium dans le voisinage de l'électrode. Pour la plupart des mesures techniques cette précision est suffisante. Cette électrode auxiliaire est facile à réaliser et s'emploie commodément. Pour des mesures de précision, elle est inutilisable à cause de l'inconstance de son potentiel; il faut choisir une électrode qui soit réversible par rapport à l'un des ions ($\overset{+}{H}$ ou $\overset{-}{SO^4}$) contenus dans l'acide.

Tous les métaux dont le sulfate est très difficilement soluble comme le plomb et le mercure, sont réversibles par rapport aux ions $\overset{-}{SO^4}$. Comme électrode réversible par rapport à l'autre ion de l'acide, $\overset{+}{H}$, il n'y a que l'électrode à hydrogène.

Pour avoir une électrode à potentiel constant, le plus simple est de suspendre dans l'élément une petite positive ou une petite négative bien chargée, de telle façon que les lignes du courant l'atteignent le moins possible. Le potentiel des électrodes d'accumulateur, à circuit ouvert, dans les solutions sulfuriques est absolument constant et elles ont l'avantage sur les électrodes suivantes de pouvoir supporter un courant relativement intense; elles se prêtent par conséquent aux mesures avec voltmètres de précision. Ces électrodes valent encore mieux par leur constance et leur durée que le couple (mercure — sulfate mercureux) qui est très facilement polarisable et ne peut servir par conséquent que dans les mesures galvanométriques.

On construit l'électrode à mercure de la façon suivante. Un récipient en verre en forme de pipe, fig. 23 (au 1/3 de la vraie grandeur), est rempli jusqu'au 1/3 de la hauteur avec du mercure très pur ; on recouvre le mercure sur une épaisseur de 1 cm. d'une bouillie épaisse de sulfate mercureux et d'acide sulfurique. La connexion du mercure est faite par un fil de platine

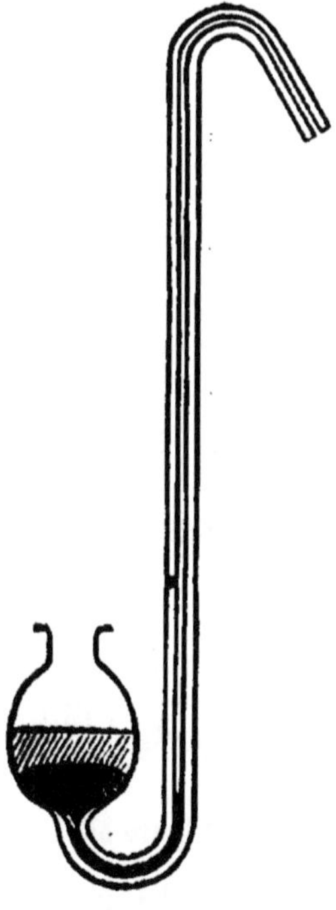

Figure 23

traversant le tube capillaire. Cette électrode peut alors être plongée dans l'accumulateur.

On n'a pas à craindre le mercure comme impureté
perturbatrice à cause de la faible solubilité du sulfate
mercureux ; d'ailleurs de faibles quantités de sel
de mercure sont sans danger pour l'accumulateur
(page 110).

La différence de potentiel de cette électrode, pour
les densités d'acide usuelles, est de 1,05 volt avec le
peroxyde de plomb et de 0,96 volt avec le plomb spongieux.

Il y a enfin une cinquième sorte d'électrode auxiliaire qui présente un grand intérêt théorique. C'est
l'électrode à hydrogène de Grove. Elle est constituée

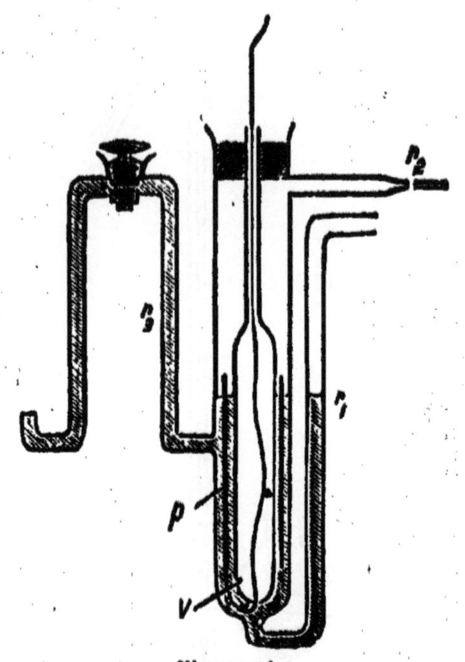

Figure 24.

par une lame de platine bien platinée (recouverte de
noir de platine) imbibée de gaz hydrogène.

Elle se comporte comme si c'était une modification
conductrice de l'hydrogène, elle est réversible par
rapport aux ions hydrogène.

Elle est représentée par la figure 24 en 1/2 grandeur. Par le tube r_1 arrive de l'hydrogène provenant de zinc pur et d'acide sulfurique ; cet hydrogène vient baigner la lame de platine platinée p et s'échappe par le tube effilé r_2. Le récipient cylindrique V a pour but de diminuer la quantité de liquide sulfurique saturé de gaz et de favoriser le contact de la lame avec les bulles de gaz. La lame de platine émerge quelque peu dans l'espace gazeux. L'appareil est relié à l'acide de l'accumulateur par le siphon r_3. Après 3 heures environ de circulation d'hydrogène, l'électrode acquiert le potentiel convenable, reconnaissable à sa constance.

Pendant ce temps le robinet à gaz intercalé dans le siphon, reste fermé pour éviter une diffusion d'hydrogène vers l'accumulateur. Il n'est ouvert que pendant les quelques instants de la mesure. Avec cette électrode on n'emploiera que la méthode de mesure par compensation.

c. — *Mesure de la capacité et du rendement.* — On peut faire en même temps la mesure de la capacité et celle du rendement. Pour cela l'élément est déchargé, jusqu'à la limite normale c'est-à-dire jusqu'à ce que la différence de potentiel soit tombée de 10 o/o, puis chargé avec une source de courant constante (par exemple une batterie d'accumulateurs), le circuit contenant une résistance de réglage et un ampèremètre. Pendant la charge et la décharge on mesure la différence de potentiel aux bornes. On emploiera comme instrument de mesure un bon voltmètre de précision ou un galvanomètre, relié aux pôles de l'élément par des contacts spéciaux pour éviter les erreurs dues aux résistances de contact. On emploie les méthodes galvanométriques sensibles quand on veut que deux essais de capacité d'un même élément de quelques ampères-minute de capacité, faits dans les mêmes conditions concordent à 1 à 2 o/o près. On porte les résultats sur du papier quadrillé en millimètres (figure 7). Quand la différence de potentiel a atteint la valeur maxima D, on coupe la charge et on décharge l'élément jusqu'à ce que la différence de potentiel tombe de 10 o/o au-dessous de la valeur initiale (figure 7).

Les lectures de la différence de potentiel doivent être faites le plus souvent possible au commencement et à la fin de la charge ou de la décharge, alors que la différence de potentiel varie rapidement; quelques lectures suffisent pour les parties droites des courbes.

Si l'élément a été fortement déchargé ou s'il est resté longtemps au repos, il faut plusieurs charges et décharges successives avant d'obtenir une capacité constante.

Pour avoir toute certitude on recommence plusieurs fois le même essai de capacité.

Le produit de l'intensité du courant par le temps de décharge donne la capacité de l'élément. Le rendement s'obtient en faisant le rapport des surfaces comprises entre les courbes et les axes (page 141). Les surfaces peuvent être évaluées avec un planimètre, par pesée ou par le calcul des millimètres carrés. Pour savoir quelle électrode a la moindre capacité ou le moindre rendement, il faut suivre les variations de la différence de potentiel de chaque électrode avec une plaque auxiliaire.

Dans ce cas la meilleure électrode auxiliaire sera une petite plaque positive ou une petite plaque négative. Dans tout essai de capacité, il est bon de faire des mesures relatives aux positives et aux négatives. Les résultats de capacité et de rendement doivent être accompagnés de la mention de la température, de la densité de l'acide, du volume du liquide.

d. — *Mesure de la résistance intérieure.* — La résistance intérieure d'un accumulateur à circuit ouvert peut être déterminée par les méthodes employées ordinairement pour tout élément galvanique, mais la résistance d'un élément d'accumulateur même très petit est de quelques centièmes ou même quelques millièmes d'ohm seulement, aussi dans ce cas les résistances de contact ne sont-elles pas négligeables et les meilleurs méthodes ne fournissent-elles que des résultats peu exacts.

La méthode de F. Kohlrausch avec courant alternatif et téléphone est la seule qu'on puisse employer avec confiance en y adjoignant le pont de Matthiesen et Hockin qui élimine l'influence des résistances de contact. Si on intercale dans la branche contenant le téléphone un condensateur, on a l'avantage de n'employer que deux éléments au lieu de trois et de pouvoir mesurer directement la résistance d'un élément unique.

La figure 25 représente le schéma de cette méthode ; AB est un fil de Constantan étalonné de 1 mètre de longueur et de 1 à 2 mm. de diamètre, sur lequel on peut déplacer le contact K ; J est le circuit secondaire produisant le courant alternatif [1]) ; W_0 est une résistance de comparaison de 0,01 à 0,1 ohm et C un condensateur de 0,1 microfarad de capacité. Les éléments à étudier sont représentés par W_1 et W_2. Pour éviter la décharge des éléments sur le pont, il faut qu'ils

---

[1]) La bobine secondaire doit être faite de gros fil de cuivre de 0,5 à 1 mm. ainsi que celle du téléphone, afin que la résistance du pont soit faible.

aient même force électromotrice (qu'ils soient remplis
avec le même acide).

La mesure se fait de la façon suivante : on fixe en a
la branche qui contient le téléphone, à une borne fixée

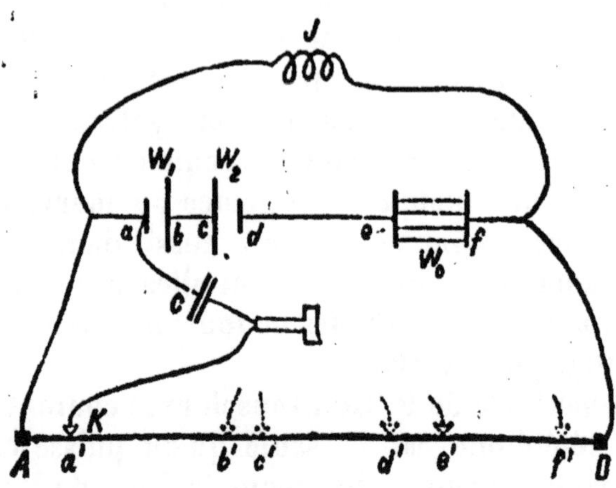

Figure 25.

sur l'élément même et on déplace le contact K jusqu'à
ce que le téléphone donne le minimum de vibration,
soit jusqu'en a'. On opère de même pour les points
b, c, d, e, f et on obtient les places correspondantes
de K en b', c', d', e', f'. Le condensateur arrête la
décharge des éléments. Les points a, b, c, d, e, f ont
le même potentiel que les points a', b', c', d', e' et f',
et

$$\frac{W_1}{W_0} = \frac{a'b'}{e'f'} \text{ et } \frac{W_2}{W_0} = \frac{c'd'}{e'f'}$$

On a ainsi les résistances de chaque élément par
rapport à la résistance de comparaison W_0.

Cette méthode permet de mesurer avec une approximation de quelques o/o la résistance d'éléments à
circuit ouvert jusqu'au-dessous de o,oo1 ohm. Elle
est inapplicable dans le cas d'accumulateurs traversés
par le courant. Pour ce cas, des méthodes particulières

ont été données par Boccali [1]), Uppenborn [2]), Frö-
lich [3]), Nernst et Haagn [4]).

Boccali emploie pour la mesure de la résistance

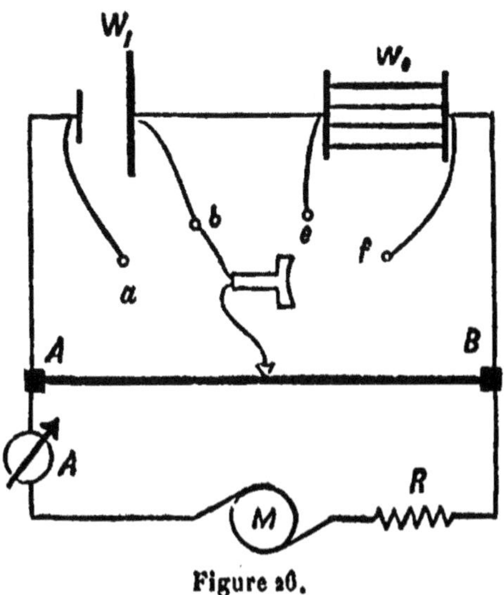

Figure 26.

pendant la charge, le pont de Matthiesen et Hockin
(figure 26); W_1 est l'accumulateur et W_o une résistance
de comparaison de quelques millièmes d'ohm. AB est
un fil de Constantan de 1 mètre de longueur et de
0.5 mm. de diamètre. M est une dynamo et R une
résistance de réglage. Le courant de charge est lu sur
l'ampèremètre A. Les oscillations du courant de la
machine remplacent le courant alternatif. On fixe le
fil du téléphone successivement aux points a, b, e et f
et le contact mobile est déplacé sur le fil AB.

Si l'on veut faire une mesure pendant la décharge

[1]) *Elektrotechn. Zeitschr.* 1891, p. 51.
[2]) *Elektrotechn. Zeitschr.* 1891, p. 167.
[3]) *Elektrotechn. Zeitschr.* 1891, p. 370.
[4]) *Zeitschr. f. Elektrochem.* III, p. 421, 1897 et *Zeitschr. f. physikalische. Chem.* XXIII. Bd, 1. Heft, 1897.

de l'élément, le fil de mesure AB doit être assez gros
pour supporter tout le courant de décharge et on
remplace la dynamo par en interrupteur automatique
avec une résistance. Les oscillations du courant pro-
duites par les interruptions dans le circuit en dérivation suffisent pour agir sur le téléphone. D'après
Boccali, la méthode fournirait encore de bons résultats pour des résistances de o,oo1 ohm.

Uppenborn a modifié la méthode de Kohlrausch,
dans le but de mesurer la résistance intérieure des

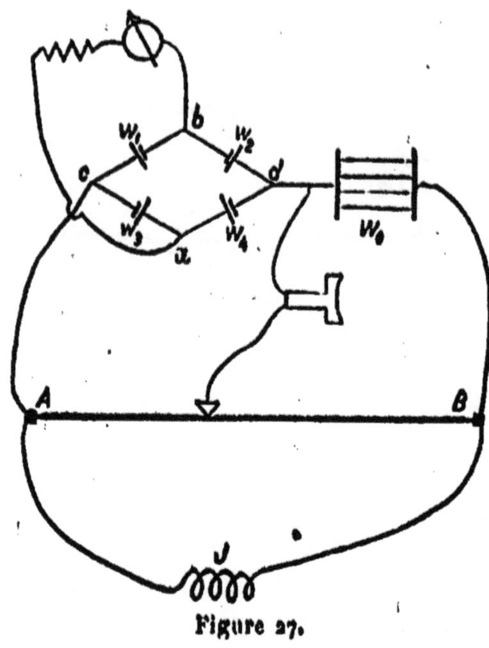

Figure 27.

éléments galvaniques et des accumulateurs pendant
le passage du courant. Il prend 4 éléments semblables autant que possible W_1, W_2, W_3 et W_4 (figure 27)
qui sont groupés par deux en série et chaque groupe
est opposé à l'autre. On n'a ainsi aucune différence
de potentiel entre les points c et d et les éléments[ne
peuvent décharger sur le pont.

Aux points *a* et *b* le courant peut être fourni ou emprunté aux éléments sans la moindre perturbation dans la mesure. Le reste du montage ne diffère pas du montage de Kohlrausch (figure 27). Cette méthode donne sans doute de bons résultats pour les petits éléments dans lesquels les résistances de contact ont peu d'importance. On a ainsi la valeur moyenne de la résistance des 4 éléments ; il est possible qu'avec de forts courants, les éléments se polarisent différemment et qu'une différence de potentiel surgisse entre les points *c* et *d*.

La méthode donnée par Nernst et étudiée par Haagn est exempte des imperfections des méthodes précédentes. Elle consiste à intercaler des condensa-

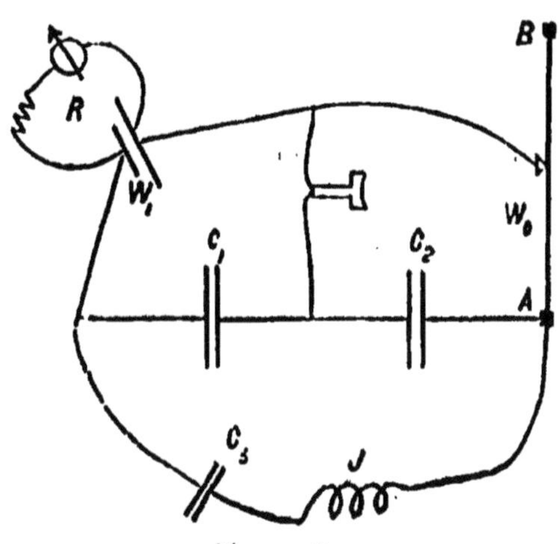

Figure 28.

teurs dans une branche du pont [1]) ; c'est la méthode qu'il faut considérer comme la plus parfaite.

On peut déduire le rapport des capacités de 2 branches du pont, du rapport des résistances des 2 autres branches et inversement si le rapport des capa-

---

[1]) *Zeitschr. f. physikal. Chem.* 14, p. 623, 1894.

cités est connu on aura le rapport des résistances.
La substitution des condensateurs C_1 et C_2 aux résistances, permet de n'employer qu'un seul élément car
les condensateurs se comportent vis-à-vis du courant
de l'élément comme des isolateurs et la décharge sur
le pont est impossible. Pour éviter aussi une décharge
sur la bobine J, on a placé un condensateur C_3 dans
son circuit. Le téléphone vibre au minimum quand
le réglage des 4 branches est établi par le contact
glissant sur le fil AB. AB est une tige de Constantan
étalonnée, de 0,5 à 2 mm. de diamètre selon la grandeur des résistances à mesurer. Il prend contact dans
du mercure. Comme source de courant on se sert d'un
circuit secondaire à gros fil avec inducteur interrompu
par une corde en vibration de faible amplitude [1]).
Les condensateurs ont une capacité de 1 à 10 microfarad. La bobine du téléphone doit être en gros fil de
faible résistance. Pour étalonner le pont on remplace
l'élément par des résistances connues et on gradue la
résistance variable.

Dans une mesure de l'élément à circuit ouvert, on
peut lire directement la résistance sur AB Si l'élément est fermé sur une résistance R (sans self induc-
tion), sa résistance s'obtient avec la résistance W_o:

$$W_1 = \frac{W_o R}{R - W_o}.$$

La mesure est d'autant plus précise que la résistance
de décharge R est plus grande en comparaison de la
résistance intérieure. Cette méthode donne de bons
résultats pour le circuit ouvert comme pour le circuit
fermé, jusqu'à quelques centièmes d'ohm. Pour des
résistances plus faibles, les résistances de contact

---

[1]) Nernst, *Zeitschr. f. physikal. Chem.* 14, p. 623, 1894.

n'étant plus négligeables, on emploie d'après Gahl [1]),
le montage indiqué par la figure 29. La résistance

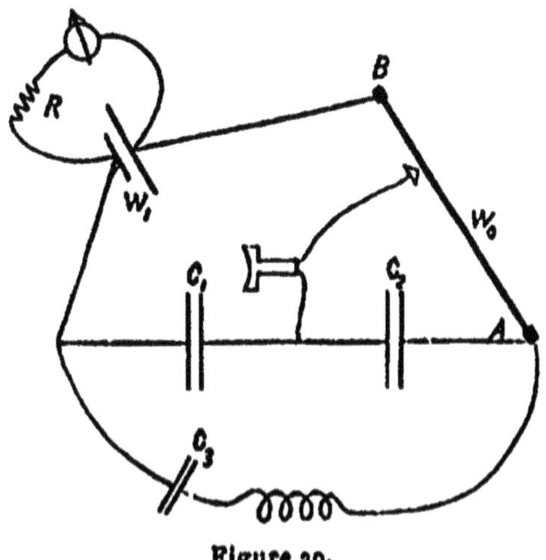

Figure 29.

reste constante et le pont seul est déplacé. La nature
du contact est alors sans influence sur la mesure.
Toutes les liaisons peuvent être soudées.

La mesure précise de la résistance intérieure présente de grandes difficultés, aussi n'a-t-elle d'importance que dans les recherches scientifiques. Dans la
pratique, il suffit de connaître l'ordre de grandeur de
cette quantité. Pour cela on calculera la résistance
de la couche liquide placée entre les plaques et on
prendra pour la résistance intérieure de l'élément 2 à
3 fois la valeur trouvée.

La résistance de l'acide sulfurique s'obtiendra en
consultant la figure 30, établie d'après les mesures de
F. Kohlrausch. On multipliera la résistance de 1 cm³
de l'acide employé par la distance moyenne des plaques en cm. et on divisera par la surface des plaques
positives en cm².

---

[1] *Elektrotechn. Zeitschr.*, 1900.

Le calcul de la résistance intérieure d'un accumulateur, au moyen de la chaleur dégagée par le passage

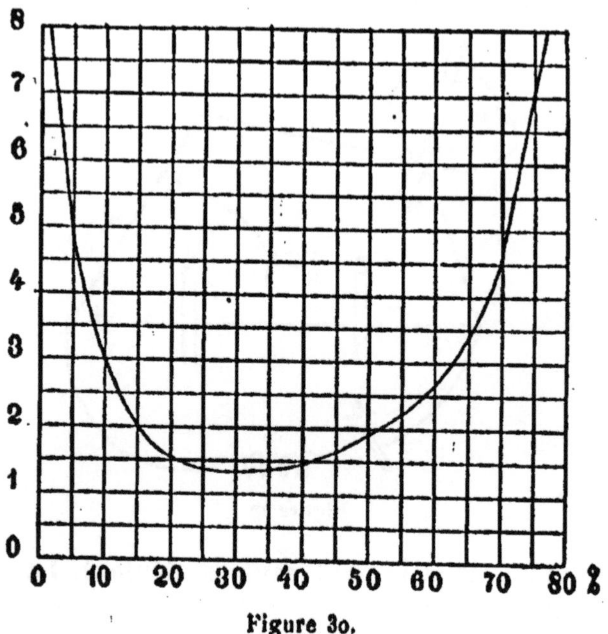

Figure 3o.

du courant, est comme nous l'avons vu, absolument
inexact, la plus grande partie de la chaleur dégagée
n'étant pas de la chaleur de Joule, mais provenant du
mélange des acides différemment concentrés qui se
sont amassés aux électrodes.

Ce calcul serait encore incorrect à cause de la chaleur secondaire (page 25).

La méthode que l'on emploie ordinairement, qui
consiste à déduire la résistance, de la différence entre
la force électromotrice et la différence de potentiel à
circuit fermé est encore inexacte, car la polarisation
due au passage du courant surpasse de beaucoup la
chute de potentiel causée par la résistance intérieure.

XVI

Table des densités et des teneurs en acide des solutions sulfuriques.

Poids spéc. à $\frac{15°}{4°}$ (vide)	Degrés Baumé	o/o SO^4H^2	Teneur par litre en kgr.	Poids spéc. à $\frac{15°}{4°}$ (vide)	Degrés Baumé	o/o SO^4H^2	Teneur par litre en kgr.
1,000	0	0,09	0,001	1,170	20,9	23,47	0,275
1,005	0,7	0,83	0,008	1,175	21,4	24,12	0,283
1,010	1,4	1,57	0,016	1,180	22,0	24,76	0,292
1,015	2,1	2,30	0,023	1,185	22,5	25,40	0,301
1,020	2,7	3,03	0,031	1,190	23,0	26,04	0,310
1,025	3,4	3,76	0,039	1,195	23,5	26,68	0,319
1,030	4,1	4,49	0,046	1,200	24,0	27,32	0,328
1,035	4,7	5,23	0,054	1,205	24,5	27,95	0,337
1,040	5,4	5,96	0,062	1,210	25,0	28,58	0,346
1,045	6,0	6,67	0,071	1,215	25,5	29,21	0,355
1,050	6,7	7,37	0,077	1,220	26,0	29,84	0,364
1,055	7,4	8,07	0,085	1,225	26,4	30,48	0,373
1,060	8,0	8.77	0,093	1,230	26,9	31,11	0,382
1,065	8,7	9,47	0,102	1,235	27,4	31,70	0,391
1,070	9,4	10,19	0,109	1,240	27,9	32,28	0,400
1,075	10,0	10,90	0,117	1,245	28,4	32,86	0,409
1,080	10,6	11,60	0,125	1,250	28,8	33,43	0,418
1,085	11,2	12,30	0,133	1,255	29,3	34,00	0,426
1,090	11,9	12,99	0,142	1,260	29,7	34,57	0,435
1,095	12,4	13,67	0,150	1,265	30,2	35,14	0,444
1,100	13,0	14,35	0,158	1,270	30,6	35,71	0,454
1,105	13,6	15,03	0,166	1,275	31,1	36,29	0,462
1,110	14,2	15,71	0,175	1,280	31,5	36,87	0,472
1,115	14,9	16,36	0,183	1,285	32,0	37,45	0,481
1,120	15,4	17,01	0,191	1,290	32,4	38,03	0,490
1,125	16,0	17,66	0,199	1,295	32,8	38,61	0,500
1,130	16,5	18,31	0,207	1,300	33,3	39,19	0,510
1,135	17,1	18,96	0,216	1,305	33,7	39.77	0,519
1,140	17,7	19,61	0,223	1,310	34,2	40,35	0,529
1,145	18,3	20,26	0,231	1,315	34,6	40,93	0,538
1,150	18,8	20,91	0,239	1,320	35,0	41,50	0,548
1,155	19,3	21,55	0,248	1,325	35,4	42,08	0,557
1,160	19,8	22,19	0,257	1,330	35,8	42,66	0,567
1,165	20,3	22,83	0,266	1,335	36,2	43,26	0,577

Poids spéc. à $\frac{15°}{4°}$ (vide)	Degrés Baumé	o/o SO^4H^2	Teneur par litre en kgr.	Poids spéc. à $\frac{15°}{4°}$ (vide)	Degrés Baumé	o/o SO^4H^2	Teneur par litre en kgr.
1,340	36,6	43,74	0,586	1,555	51,5	64,67	1,006
1,345	37,0	44,28	0,596	1,560	51,8	65,08	1,015
1,350	37,4	44,82	0,605	1,565	52,1	65,49	1,025
1,355	37,8	45,35	0,614	1,570	52,4	65,90	1,035
1,360	38,2	45,88	0,624	1,575	52,7	66,30	1,044
1,365	38,6	46,41	0,633	1,580	53,0	66,71	1,054
1,370	39,0	46,94	0,643	1,585	53,3	67,13	1,064
1,375	39,4	47,47	0,653	1,590	53,6	67,59	1,075
1,380	39,8	48,00	0,662	1,595	53,9	68,05	1,085
1,385	40,1	48,53	0,672	1,600	54,1	68,51	1,096
1,390	40,5	49,06	0,682	1,605	54,4	68,97	1,107
1,395	40,8	49,59	0,692	1,610	54,7	69,43	1,118
1,400	41,2	50,11	0,702	1,615	55,0	69,89	1,128
1,405	41,6	50,63	0,711	1,620	55,2	70,32	1,139
1,410	42,0	51,15	0,721	1,625	55,5	70,74	1,150
1,415	42,3	51,66	0,730	1,630	55,8	71,16	1,160
1,420	42,7	52,15	0,740	1,635	56,0	71,57	1,170
1,425	43,1	52,63	0,750	1,640	56,3	71,99	1,181
1,430	43,4	53,11	0,759	1,645	56,6	72,40	1,192
1,435	43,8	53,59	0,769	1,650	56,9	72,82	1,202
1,440	44,1	54,07	0,779	1,655	57,1	73,23	1,212
1,445	44,4	54,55	0,789	1,660	57,4	73,64	1,222
1,450	44,8	55,03	0,798	1,665	57,7	74,07	1,233
1,455	45,1	55,50	0,808	1,670	57,9	74,51	1,244
1,460	45,4	55,97	0,817	1,675	58,2	74,97	1,256
1,465	45,8	56,43	0,827	1,680	58,4	75,42	1,267
1,470	46,1	56,90	0,837	1,685	58,7	75,86	1,278
1,475	46,4	57,37	0,846	1,690	58,9	76,30	1,289
1,480	46,8	57,83	0,856	1,695	59,2	76,73	1,301
1,485	47,1	58,28	0,865	1,700	59,5	77,17	1,312
1,490	47,4	58,74	0,876	1,705	59,7	77,60	1,323
1,495	47,8	59,22	0,885	1,710	60,0	78,04	1,334
1,500	48,1	59,70	0,896	1,715	60,2	78,48	1,346
1,505	48,4	60,18	0,906	1,720	60,4	78,92	1,357
1,510	48,7	60,65	0,916	1,725	60,6	79,36	1,369
1,515	49,0	61,12	0,926	1,730	60,9	79,80	1,381
1,520	49,4	61,59	0,936	1,735	61,1	80,24	1,392
1,525	49,7	62,06	0,946	1,740	61,4	80,68	1,404
1,530	50,0	62,53	0,957	1,745	61,6	81,12	1,416
1,535	50,3	63,00	0,967	1,750	61,8	81,56	1,427
1,540	50,6	63,43	0,977	1,755	62,1	82,00	1,439
1,545	50,9	63,85	0,987	1,760	62,3	82,44	1,451
1,550	51,2	64,26	0,998	1,765	62,5	82,88	1,463

Poids spéc. à $\frac{15°}{4°}$ (vide)	Degrés Baumé	o/o SO⁴H²	Teneur par litre en kgr.	Poids spéc. à $\frac{15°}{4°}$ (vide)	Degrés Baumé	o/o SO⁴H²	Teneur par litre en kgr.
1,770	62,8	83,32	1,475	1,830	65,4	92,10	1,685
1,775	63,0	83,90	1,480	1,831	65,5	92,30	1,690
1,780	63,2	84,50	1,504	1,832	—	92,52	1,695
1,785	63,5	85,10	1,519	1,833	65,6	92,75	1,700
1,790	63,7	85,70	1,534	1,834	—	93,05	1,706
1,795	64,0	86,30	1,540	1,835	65,7	93,43	1,713
1,800	64,2	86,90	1,564	1,836	—	93,80	1,722
1,805	64,4	87,60	1,581	1,837	65,7	94,20	1,730
1,810	64,6	88,30	1,598	1,838	65,8	94,60	1,730
1,815	64,8	89,05	1,621	1,839	—	95,00	1,748
1,820	65,0	90,05	1,630	1,840	65,9	95,60	1,750
1,821	—	90,20	1,643	1,8405	—	95,95	1,765
1,822	65,1	90,40	1,647	1,8410	—	97,00	1,786
1,823	—	90,60	1,651	1,8415	—	97,70	1,799
1,824	65,2	90,80	1,656	1,8410	—	98,20	1,808
1,825	—	91,00	1,601	1,8405	—	98,70	1,810
1,826	65,3	91,25	1,666	1,8400	—	99,20	1,825
1,827	—	91,50	1,671	1,8395	—	99,45	1,830
1,828	65,4	91,70	1,676	1,8390	—	99,70	1,834
1,829	—	91,90	1,681	1,8385	—	99,95	1,838

TABLE DES MATIÈRES

	Pages
Préface...	V

I

Théorie chimique de la production du courant. — Théorie de la sulfatation de Gladstone et Tribe. — Formation et utilisation du peroxyde de plomb et du plomb. — Formation et utilisation de l'acide sulfurique. — Formation d'eau. — Formation de produits anormaux. — Tension nécessaire pour le dégagement de l'hydrogène sur les différents métaux. — Théorie de Darrieus. — Théorie de Elbs... **1**

II

Théorie thermodynamique de la production du courant. — Relation entre l'énergie libre, la chaleur de réaction et le coefficient de température (Helmholtz). — Loi de Thomson. — Déterminations de la chaleur de réaction de Streintz et Tscheltzow. — Calcul de la force électromotrice de l'accumulateur avec les données thermo-chimiques. — Chaleur secondaire. — Mesures de la chaleur secondaire de Streintz................................. **10**

III

Théorie osmotique de la production du courant. — Théorie osmotique de Nernst. — Théorie de Le Blanc. — Théorie de Liebenow...................................... **27**

IV

Variations de la force électromotrice avec la concentration de l'acide. — *Considérations générales.* — Mesures de Heim, de Streintz et de Dolezalek. — Calcul de la variation de la force électromotrice avec la densité de l'acide. — *Considérations relatives aux solutions diluées........* **40**

V

Variation du potentiel des électrodes avec la concentration de l'acide. — *Considérations générales.* — Formules de Streintz relatives à l'emploi d'une électrode auxiliaire en zinc. — Couples $(PbO^2 — H^2)$ et $(Pb — H^2)$; variation de la force électromotrice de ces couples avec la densité de l'acide. — Chaînes de concentration réalisées par l'emploi d'électrodes auxiliaires en plomb ou en peroxyde. — *Considérations relatives aux solutions diluées.* — Calculs et mesures de Mugdan 58

VI

Le coefficient de température. — Mesures de Streintz. — Valeurs du coefficient de température en fonction de la concentration de l'acide. — Calcul du coefficient de température avec les chaleurs secondaires. — Variation de la force électromotrice en fonction de la température.... 73

VII

Influence de la pression. — Calcul de la variation de la force électromotrice en fonction de la pression........ 80

VIII

Allure de la charge et de la décharge. — Courbes de la différence de potentiel aux bornes pendant la charge et la décharge. — Causes des variations de la différence de potentiel pendant la charge et la décharge. — Variation de la concentration de l'acide aux électrodes. — Etude de la courbe de charge. — Etude de la courbe de décharge. 84

IX

La réversibilité. — Causes de la perte d'énergie pendant le travail de l'accumulateur. — Polarisation des concentrations sulfuriques sur chaque électrode. — Perte d'énergie sur chaque électrode........................ 95

X

Phénomènes du circuit ouvert. — *Rétablissement de la force électromotrice après décharge et après charge.* — *Décharge spontanée.* — Influence des impuretés métalliques sur la décharge spontanée. — Action locale. — Influence de la densité de l'acide. — *Sulfatation.* —

Influence de la densité de l'acide sulfurique sur la sulfatation.. 104

XI

La résistance intérieure. — Ordre de grandeur de la résistance intérieure. — Mesures de Haagn, de Hallwachs et de Boccali... 118

XII

La capacité. — *Généralités*. — *Influence du régime de décharge*. — Formules empiriques de Schröder, de Liebenow, de Peukert. — Calcul de la capacité en fonction du régime. — Cas de la décharge à régime constant. Cas de la décharge à régime variable. — *Influence de l'épaisseur des plaques*. — *Influence de la densité de l'acide*. — Mesures de Heim. — Mesures de Earle. — Relation entre la capacité et la conductibilité de l'électrolyte. — *Influence de la température*................... 122

XIII

Le rendement. — Rendement en quantité. — Rendement en énergie. — Calcul de la perte d'énergie due aux courants de concentration. — Influence de la conductibilité de l'acide sur le rendement. — Relation entre la perte d'énergie et le régime du courant....................... 140

XIV

Phénomènes de formation. — *Formation Faure*. — Circonstances favorables à la formation des plaques négatives. — Circonstances favorables à la formation des plaques positives. — *Formation Planté*. — Influence du repos. — Méthodes de formation Planté................ 148

XV

Méthodes de mesure. — Mesure de la force électromotrice et de la différence de potentiel aux bornes. — Electrodes auxiliaires. — Mesure de la capacité et du rendement. — Mesure de la résistance intérieure............. 155

XVI

Table des densités et des teneurs des mélanges d'eau et d'acide sulfurique..

LAVAL. — IMPRIMERIE PARISIENNE L. BARNÉOUD & Cⁱᵉ.